半農半X の種を播く

やりたい仕事も、農ある暮らしも

塩見直紀と種まき大作戦 編著

Prologue

大地と暮らせば、種を播けば、すべてよし

「ひとりひとりが種播くことで社会は変わる」
 2006年12月、有志の団体・個人が集まり、「種まき大作戦実行委員会」が発足しました。ニッポンの未来に向けて、持続可能な循環型田園都市を実現すべく、農をテーマにさまざまな「種播き」の呼びかけをしながら、市民参加のイベントを企画していくのが目的です。今回の「本を通した種播き」である『半農半Xの種を播く』の出版も、ここから始まっています。
 私たち「トージバ」ではこれに先立ち、畑に種播く人びとを増やそうと、「大豆レボリューション」という活動を行ってきました。土との関係を絶たれている都市住民が週末に東京周辺の畑に行き、まずは大豆だけでも自給を始めようというものです。「半農半X」へのステップ1となるこの活動も3年が経ち、小さな食の自給の輪を広げていこうとしていたとき、「半農半X」の提唱者である塩見直紀さん（京都府綾部市在住）との出会いがありました。
 半農半Xのいいところは、だれでも、どこでも始められるということ。お百姓さんじゃなくても、農地がなくても、やれるところだと思います。どんなやり方をしてもいい。農法だって、自分が気に入ったものをやればいい。とても、自由で、私たちの身近なところにあるものです。
 2002年、都市部に住みながらも私の小さな半農生活が始まりました。週末に畑に行って、念願の大豆の自給がかなったのです。そして、毎日の食卓のなかで、自分のつくった味噌を使った味噌汁を飲むことができ

る幸せと安心を感じました(24ページを参照)。こういった暮らしは、人間にとって非常に大切な時間と営みであると思います。だから、もっと多くの人びとにやってほしいと願うようになり、出版の企画へとつながっていきました。

　この本は、塩見さんのメッセージに始まり、多くの半農半X実践者のインタビューやアンケート、Q&A、お役立ち情報と、盛りだくさんの内容です。ぜひ、半農半Xという生き方がだれでも普通にできるということに気づきながら、読みすすめていってほしいと思います。

　現代社会のなかで、多様な農的ライフスタイルへの道しるべとなるであろう半農半X。このことば、この生き方に、私は未来を感じます。100人いれば100通りの生き方があるように、100通りの農への取り組みがあるはずです。

　たくさんの半農半Xをこの本から感じとり、できるところから実践していってください。

　「成せば成る。成さねば成らぬ何事も。成らぬは己が成さぬ成りけり」

　大地と暮らせば、種を播けば、「すべてよし」なのであります。

　この本の出版は、「種まき大作戦」の始まりです。ヨロシクどうぞ。

2007年10月
種まき大作戦実行委員会・特定非営利活動法人トージバ代表理事
渡邉　尚（たかし）

半農半Xの種を播く　目次

プロローグ
大地と暮らせば、種を播けば、すべてよし
渡邉尚 ──────── 2

「小さな農と天職」によるレボリューション！
塩見直紀 ──────── 6

農を楽しみ、X＝天職を楽しむ
私たちの半農半X ──────── 16
半農半マクロビオティック料理家………17
半農半豆腐屋………20
半農半生理解剖学講師………22
半農半NPO………24
半農半蔵人………26
半農半麻紙アーティスト………28
半農半自然食宿料理人………31
半農半NPO………32
半農半ペンションオーナー………34
半農半職員＆NPO………36

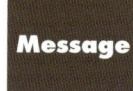
正木高志………14
辻信一………64
藤田和芳………80
甲斐良治………94

●ハミダシ情報
半農半Xのこころ A to Z ＜26のキーワード＞

目次写真／澤田佳子

半農半X アンケート調査 ——— 38

- 半農半歌手………38
- 半農半フリースクール代表………40
- 半農半ウェブクリエイター………42
- 半農半音楽家………44
- 半農半天然酵母パン職人………46
- 半農半プロスノーボーダー………48
- 半農半スロービジネス………50
- 半農半炭アクセサリー作家………52
- 半農半Tシャツデザイナー………54
- 半農半アーティスト………55
- 半農半リサイクル自転車店主………56
- 半農半木工家………57
- 半農半まちづくりコンサルタント………58
- 半農半ファームレストランオーナー………59
- 半農半カフェ&ゲストハウスオーナー………60

半農半Xの新芽が出た！ ——— 61

- 半農半ソーシャルベンチャー………61
- 半農半さいせい手作り小物店店主………62
- 半農半整体師………63

大好きな仕事と土のある暮らしに幸せがある
塩見直紀meets加藤登紀子、Yae ——— 66

「半農半X」のここが聞きたかった Q&A
塩見直紀 ——— 82

半農半Xお役立ち情報 ——— 96

「小さな農と天職」によるレボリューション！

半農半X研究所　代表　塩見直紀

レッドジェネレーションが日本を変える

「地球温暖化など、山積する難問群を抱えたいまという時代をどう生きていったらいいのか」

20代後半（1990年ごろ）から、そんなことを考えてきました。そして、たどりついたのが「半農半X（エックス＝天職）」というコンセプトです。

半農半XのXとは、天職、使命、ミッション、ライフワーク、生きがい、役割などを表し、ぼくはこれを「エックス」と表現しています。

『半農半Xという生き方』（ソニー・マガジンズ）を2003年に上梓して、わかったのは、半農半Xに最も関心をもってくれたのは30歳前後の若い世代だということ。環境問題など、負の遺産を負う若い世代（いわゆる赤字世代＝レッドジェネレーション）が関心を示してくれていることは、希望だと思うのです。

ピースフルで半農半Xスタイルの若い世代が、日本を変えていくとぼくは信じています。

21世紀の2大問題とは

半農半Xというコンセプトに、どうしてたどりついたのか。振り返ると、25歳（90年）のとき出会った2つの難問の存在がありました。

難問のひとつは環境問題です。それは、自分の暮らし方という問題でもありました。環境問題から農の問題を考えるようになり、食料自給率の低さを問いながら、実際には自分で汗もかかず、農作業をしていない自分とは何か、と自問するようになりました。ふと周囲を見渡せば、自然農を始めていたり、農的な暮らしを求めている友ばかり。時は満ちてきていたのです。

「半農半Xのこころ AtoZ 26のキーワード」by塩見直紀
AからZまでの26字を頭文字にした言葉のなかで、半農半Xのこころを表すものをピックアップしてみました。

もう1つの難問は、「いかに生きるか」という問題です。ぼくはあえて、「天職問題」と名づけています。天職問題とは、人はなぜ生まれてきたのか、自分の人生の役割は何かなど、生きる意味の探求や枯渇、また自分探しなどを表します。

　環境問題、そして天職問題。この2つを同時に解決できるようなアイデアをぼくは探していたのかもしれません。いろいろな本を読み、賢者の講演を聴き、人と議論するなかで、大きな出会いが30歳のときに訪れました。

「半農半著」というキーワードとの出会い

　95年、屋久島在住の作家・翻訳家である星川淳さん（現在はNPO法人グリーンピース・ジャパン事務局長）の著書の中で、自身の生き方を表現した「半農半著」というキーワードに出会いました。半農半著とは、エコロジカルな暮らしをベースにしながら、執筆で社会にメッセージする生き方をいいます。

　「これは、21世紀の生き方・暮らし方の1つのモデルにきっとなる」。ぼくはそう直感しました。こうして、持続可能な小さな農ある暮らしをし、与えられた才能や大好きなことを世に活かす生き方・暮らし方を意味する半農半Xというコンセプトが、ぼくのなかに生まれたのです。

　「著」という文字を「X」に変えただけのように見えるかもしれません。でも、ぼくにとっては腑に落ちる生き方の「型」でした。ぼくの自分探しは、この言葉の誕生で終わり、自分の使命を自覚したのです。言葉の創造は、そんなことも可能にするのですね。

「半農半X」のベースは「地球」「コミュティ」「家族」

　この10年余、半農半Xについて考えるなかで、そのまわりには8つのキーワードがあるのではないかと思うようになりました（8ページの図を参照）。まだまだ荒削りなものですが、ご紹介しましょう。

　半農半Xのベースには、「地球」「コミュニティ」「家族」があると考えています。

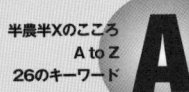

【Alternative answers】自分から、自分らしい「代替案（もうひとつの解決策）」を提案していく、探求していく。大難問時代のいま、そんなことが大事だと思う。

Revo

まず、**「地球」**について。

幕藩体制の江戸時代は自藩にこだわり、黒船来航で世界のなかの日本を初めて意識しました。時を経て、人類は宇宙に飛び立ち、母なる地球を顧み、それがかけがえのないものだと知ってしまった。そこでたったひとつの地球を思うようになったのです。

ベースの２つ目は**「コミュニティ」**。地元とか、故郷とか、居住地域のことです。

スローフード協会副会長ジャコモ・モジョリさんは、「ローカルに考えてグルーバルに動け。これが私たちのやり方です」と言っています。

情報発信 ▼ シェア・アウトプット	**天職** ▼ 使命・ミッション・役割	**手仕事** ▼ 技・アート・表現
瞑想 ▼ 散歩・思索・精神性	**半農半X**	**小さな農** ▼ 採集・汗・身体性
コミュニティ ▼ 地域・地元・終の棲家	**家族** ▼ だんらん・生活・暮らし	**地球** ▼ 持続可能性・生命多様性

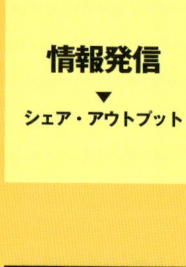

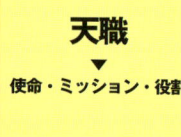

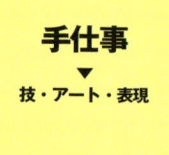

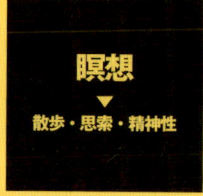

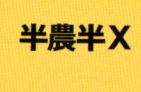

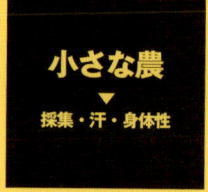

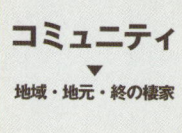

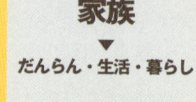

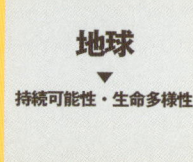

半農半Xのこころ
A to Z
26のキーワード

B

【Beautiful】そろそろ足し算の時代にサヨナラし、引き算型の美しさ、禅的な美を求める時代に移行するとき。

いま大事なのは地球感覚とともに、「いま、ここ、この身」のある場所感覚、わが地元とはどこかという感覚ではないでしょうか。

別の言葉で言えば、「根っこ」です。日本で静かに「地元学」(地元の住民が都市住民と一緒になり、その土地の風土や暮らし、文化、歴史、資源などを調べ、地域の未来につなげる方法)がひろがっていますが、根っこや足元を大事にしたいと思う人が増えている証拠だと思います。

鴨川自然王国の故藤本敏夫さんは、「増刊現代農業」の『青年帰農』(農文協、2002年)のなかで、「ポジションがみつかれば、ミッションがわかる」とメッセージされました。ポジションとは、暮らしの舞台、修行の場所のこととぼくは思っています。

ベースの3つ目は**「家族」**です。

半農半Xで暮らしていても、家族との時間がないのはどうなのかなと思います。家族とはベースキャンプのようなものだと思うのです。それぞれの山頂を目指すなかで、励ましあう仲間です。

民俗研究家・結城登美雄さんは、やはり「増刊現代農業」の『団塊の帰農』(農文協、2003年)のなかで、「Familyという英語はラテン語のFamiliaから派生したもので、今は『家族』と訳されるこの言葉の語源をさかのぼっていけば、『一緒に耕す者たち』すなわちFarmerに通じているという。十数年前、初めてそのことを知ったときの、静かな感動は今も忘れがたい」と書かれています。

「小さな農」と「瞑想(的時間)」との必要性

3つのベースの上にあるものは、「小さな農」と「瞑想(的時間)」です。先の3つも現代において、失いかけているものといえますが、これも同じです。

「小さな農」は、大規模な農業に対して東アジア的な小さな農、家族の自給程度の農、持続可能性を大事にする農ある暮らしを意味します。

シュマッハーが『スモール・イズ・ビューティフル』(講談社、1986年)を著しましたが、大事なのは、スモールであることです。サイズがとっても大事なのです。人それぞれの可能なサイズがありますが、農薬に頼

らないで育てられるサイズがポイントです。

　日本の食料自給率（カロリー・ベース）は06年、ひどい冷害だった93年以来13年ぶりに40％を切りました。どんなに小さくとも自給を始めていくことはいま大事な選択の1つといえます。ぼくは和食の食材となる穀物・野菜を中心に、100％にもっていくことが大事だと考えています。

　次に**「瞑想(的時間)」**です。

　1日のうち、自己を振り返る静かな時間を少しでももたないといけません。自分の声に耳を傾ける瞑想的な時間、自分を取り戻せるたった一人の静かな時間が、いまとても必要なのです。テレビやインターネットなどを一旦切り、アンプラグしてみる。すると内から聴こえてくるものがあります。

　半農半Xとは、スローフードやスローライフと同じように、万象との「つながりの回復」を意味するものでもあります。

　いま、ぼくたちの心と体はバラバラになっている。「小さな農」をすること、静かな時間を日々数十分もつことは、大事なものにスイッチを入れてくれるでしょう。

　天地とつながる。それをめざすのが半農半Xといえるでしょう。

この世に生まれてきた意味＝表現するということ

　ベースの上に心身があり、その上には何があるかというと、この世に生まれてきた意味を表すのではないかと思います。別の言葉でいえば、「表現」といえるかもしれません。それは、「手仕事」「天職」「情報発信」です。

　田舎にUターンで戻ってきて、感じるのはみんな**「手仕事」**ができるということ。伝承された技があるのですね。「hand,heart,head」を3Hといい、先哲は大事にしてきました。手は重要なキーワードです。手が生み出す日常美。それがますます尊い時代になってきています。みんながアーティストであり、特別のものではもうありません。

　次に**「天職」**についてですが、「半農半Xという生き方は、なぜ小さな

農と天職の両方が必要なのか」とよく問われます。ぼくは、この２つがあることによって生まれる何かが大事なのではないかと思います。エックスのみ、また農のみでは生まれることがないもの、それがきっとあるのではないでしょうか。

ぼくは耕作放棄地、遊休地の多くなったいま、農地探しは簡単で、エックス探しのほうがむずかしいのではないかと思っています。

あらゆることはエックスを見出すことで解決する、というのは言い過ぎでしょうか。

半農半Ｘのキーワードの最後は、**「情報発信」**です。ぼくたちは受身型の、受信型の教育を受けてきましたが、これからますます発信することが大事になってきます。独占から共有へ、もう死蔵する時代ではありません。いいものはどんどんシェアしていく。シェアは、ますます21世紀的なキーワードです。

みんな、すでにいいものをもっている。すでにある、のです。気づきも独り占めせず、どんどん公開すること。ブログなどで公開してほしいと思います。自信をもって発信していきましょう。インターネットというツールを活用していきましょう。

４つの「もったいない」で見えてくるもの

「環境問題」「天職問題」という、21世紀の２大問題と対峙するぼくたち。そこで、ぼくは「４つのもったいない」を提案したいと思います。

「もったいない」の１つ目は、もちろんノーベル平和賞受賞者であるワンガリ・マータイさんが世界語にしたいという「もったいない」。

あと３つは何かというと、天与の才（個性、特技、大好きなことなど）の「未発揮」、地域資源（竹や間伐材などの自然素材、伝統食文化など）の「未活用」、多様な人財の「未交流・未コラボ」です。

みんな必ず自分のXをもっている。真の自分、真の自分の体と出会うことで、そして、埋もれている素材や多様な人が出会うことで、新しい何かが生まれると信じています。新しい何か、それは問題解決法や新しい文化などかもしれません。

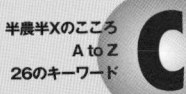

【Chance, Challenge, Change】チャンスに満ちた時代、大事なことにチャレンジしないと後悔することに。自分にも周囲にも小さな変化を起こせたら。

農村であっても都市であっても「4つのもったいない」というアプローチで、見えてくるものがきっとあります。

「センス・オブ・ワンダー」がキーワード

そのためには、やはりレイチェル・カーソンがいう「センス・オブ・ワンダー（sense of wonder＝自然の神秘さや不思議さに目を見張る感性）」がキーワードになりそうです。一輪の花や移り行く季節、雪月花にハッとできるような感性です。

あとは勇気を出して、スモールアクションを重ねていくこと。気づきを独占せず、死蔵せず、発信を重ねていくこと、シェアしていくこと。きっと道はシンプルです。

めざすは、「生命多様性＆使命多様性」のあふれる世界です。

ロマン・ロランが『魅せられたる魂』（岩波文庫、1989年）のなかで、すてきなイメージを書いています。

「人生は人間が共同で利用するブドウ畑です。一緒に栽培して、共に収穫するのです」

ビジョンは、和植国家構想

故桜沢如一氏がひろめたマクロビオティック（玄米を主体とした穀物菜食）の料理を習い、奈良の川口由一さんのもとで自然農を学び、大好きなことを仕事にしている。最近、こういった人によく出会います。もしかしたらこれは、21世紀最強の公式ではないかとぼくは思うのです。

いまそんな視点でこの日本を見てみていくと、小さな芽があちこちに出ていることに気づきます。

マクロビオティック×自然農×天職＝！こんな公式はどうだろう。

ぼくはマクロビオティック的な食を、「和の食」と呼んではどうかと思っています。そして、自然農的な農を「和の農」と呼ぶ。天職はどうかというと、「和の職」です。「和の食」×「和の農」×「和の職」。こうした組み合わせで、「和の種子」を世界に広めたいのです。

幸田露伴は「福を植える」「植福」という言葉を残しています。「和を

植える国」「和植国家構想」というのが、ぼくが考えるビジョンです。

5年以内にfavoriteなことでレボリューションを

「人生には締切りがいる」。そんな言葉に出会い、たしかにそうだなと思うようになりました。ぼくたちはいつまでも命があるように生きているけれど、そうではなく有限のものなのです。

母は、ぼくが小学4年のときに病気で帰天したのですが、07年春に、母が逝ったときと同じ年齢、42歳になりました。ぼくは20代のころからこの42歳という年を意識してきました。自分の人生の「締切りの年」が、今年なのです。

だからいま感じていることを、気づいたことを、思っていることを内に留めず、言葉にして発していこうと思っています。新しい思想と具体的なメッセージ、代替案、施策を示すことにつとめていきたいと考えています。

若い世代にあっては、「定年後」という発想はないのではないかとぼくは思うのです。「定年してから、アクションしたい」という人はいないでしょう。アクションをしないままの定年後の地球的シナリオは、悲観的だからです。

だから、ぼくはあえて、「5年以内のアクションを」と言いたいのです。アクションを起こすということは、自分自身が変わっていくこと、レボリューションを起こすということです。

この5年以内で半農半Xなアクションを起こせるよう、いま大事なことにエネルギーを注力してほしいと思います。そのとき、キーワードとなるのが、favoriteなこと、大好きなことです。寝食を忘れて打ち込めることはやはり強い武器となると思います。

大好きなことが武器になる時代。そして、それは私的な武器ではありません。コモンズ的な21世紀の真の武器なのです。

favoriteなことでレボリューションを、ぜひ5年以内に！

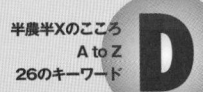

半農半Xのこころ
A to Z
26のキーワード

【Diversity】 生命には大きなひとつの使命がある。個別のミッションもある。半農半Xとは生命の多様性を守り、みんなが多様な使命を果たすこと。

Message

そうだ、自給自足すればいい！

「アンナプルナ農園」・
森林ボランティアグループ「森の声」主宰　正木高志

　30年ほど前のことだ。30歳代になったぼくはインド遍歴をまだ続けていた。すでに結婚し、娘がひとりいた。生活は困難を窮めた。
これ以上旅を続けることはできない。
生きる方途を探さなければならなかった。
運転手になろうかと考えた。先生になってみたらとも考えた。ぼくにもできそうな職業をいくつか考えてみたけれど、3カ月か半年くらいしかもちそうに思えなかった。
つまり、どうしても、就職したくなかった。
旅で求めていたものを手放したくなかった。
で、困った。
ほんとうに、困った。

　そんなある日、天啓のように、あることに気づいた。
大昔の人びとは就職していなかった、ということに気づいたのだ。
人間は、何千年も何万年も、就職しないで生きてきた。わずか百年前でさえ、多くの人びとは就職していなかった。
そうだ、自給自足すればいい！
自給自足すれば、就職しなくても、生きてゆける！
大発見だった。
うれしくなって、ぴょんぴょん跳び跳ねながら、ぼくは叫んだ。
鳥だって、虫だって、魚だって、就職しないで生きている。
あんなに自由に。あんなにうつくしく……。

01

それ以来30年、ゆっくりと農的な暮らしに移行して、いまはお茶の栽培で生計を立てている。米や野菜は自家用につくっている。

自給は50%くらいでちょうどいい、とぼくは思う。
50%自給できれば（株の過半数を握れば、株主総会で社長になることができるように）マネーシステムに生活の主導権を握られずに暮らすことができる。経済によって縛られず、主体性を失わず、一方的に依存することなしに社会と関わることができる。
同時に、最近は自然との関わりだけでなく、社会との関係をとくに大切に思うようになってきた。暮らしの半分くらいは社会的であるほうがいい。100%の自給を目ざすと、独りよがりになってしまう可能性があるとガンジーも言っている。自立とともに共生が必要だ。自由に生きて働くために、50%の自給が必要なのだ。

正木高志（まさき たかし）
1945年生まれ。60年代半ばよりインドを旅し、古代よりインド哲学を学ぶ。80年に熊本県阿蘇で帰農し、アンナプルナ農園をつくる。森林ボランティアグループ森の声主宰。著書に、『スプリング・フィールド』（地湧社、1990年）、『出アメリカ記（雲母書房、2003年）、『木を植えましょう』（南方新社、2002年）、『空とぶブッタ』（ゆっくり堂、2007年）がある。
アンナプルナ農園　ブログ　http://annapurna.blog79.fc2.com/

農を楽しみ、X＝天職を楽しむ
私たちの半農半X

種まきライターたちによる実践者インタビュー

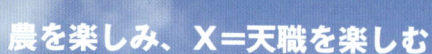

エックスをみつけて輝く人たちは、
農ある暮らしもまた、魅力的に展開していた。
共通するのは、
エックスと農が自然に溶け合うその姿。
どちらの場面にも、
楽しいと思える自分があるから。
そしてそれは、
自らつくる無農薬・無化学肥料の
穀物や野菜のエネルギーが、
体と精神に活力を与えている
おかげでもあるのだろう。

採れたて野菜の美味しさで、シンプル調理に目覚める

半農半マクロビオティック料理家　中島デコさん

　いつまでもここで風に吹かれていたい……。千葉県いすみ市にある田畑つき古民家スペース「ブラウンズフィールド」（外房線長者町駅から車で10分）は、訪れただれもがそんなふうに感じる心地いい空間。そこは、玄米と野菜の自然食「マクロビオティック」を広めている中島デコさんが、フォトジャーナリストの夫と子どもたち、そして数人の若者と自給的に暮らす静かな場所だ。

　東京の世田谷からこの地に移ってきたのは、1999年のこと。

　「ずっと自然食を食べ、料理教室もしてきたけど、あるとき、すごく不自然食をしているって気づいたの」

　子どもたちの給食を断ってお弁当を手づくりしていたが、毎日となると普通なら自然食材の入手に苦労する。大きな自然食品店が近所にあったので、無農薬の米や野菜の入手に困ることはなかった。ただ、ふと足を止めたのは、そのお弁当に使う野菜の買い物のときだ。

今日は黒米の収穫。みんなでやれば、早いし楽しい！

ゲストハウスはセミナー会場にも。ドアがかわいい。

デコさんのクッキングクラスは、カフェで月1回開催。

「大量のエネルギーを使って、排気ガスをまき散らしながら、遠くから運ばれてくる無農薬の大根。しかも、ちょっとしなびてる。その割に、250円！ 菜っ葉のおひたしだって、うちの人数だと500円にもなっちゃう。私、いったい何をやっているんだろう？」

この気づきが、田舎暮らしへと目を向けさせた。

「自然をお金で集めるのではなく、自分から自然に回帰すべきでは？ 自然の懐に飛び込んで、自分が育てられるべきなんじゃない？」

日に日に、そんなふうに考えるようになっていったのだ。

移り住んできた当初は、来る日も来る日も、夫と二人で敷地をおおうやぶをのこぎりで切っていた。その後シャベルカーで開墾してもらい、なんとか畑スペースをつくった。

そんなある日、雑草だけでなく、木まで数本生えている庭先の休耕田を見ていたら、「毎日いただいている『米』を作りたい！」という思いがDNAレベルで沸き起こったという。でも、ここまでになった田んぼの復活はとても無理かと思っていたところ、一人の男性が訪ねてきた。

「車に米の種もみを持っています。赤目自然農塾（97ページを参照）に行っていました。ぼくが教えてあげます」

で、毎月1泊2日で通っていただき、教わりながら始めることにした。

ところが、深さが一定でない田んぼには耕運機以外の機械が入れられない。必然的に田植えは手植え、稲刈りは手刈り。そうなると、子育て中のデコさんと夫のふたりに1反半（15a）の田んぼは広すぎる。そこで、田んぼ体験の募集記事を、レシピやエッセーを連載してきた自然育児の会報に載せてみた。すると、遠くから手伝いに来てくれたのだ。

「手が足りないこともあり、基本的に私の場合は、自然農のもっと先

私たちの半農半X

（？）のほったらかし農法。できたものを食べればいいか、ってノリで。ところが、これが意外とできる。いつもありがたいと思ってます」

畑をやってみたら、自分のエックスにかかわる重大な発見があった。もぎたてをゆでる、炒める。調理がシンプルであるほど、美味しいのだ。

「素材のもつ本当の味に目覚めたの。食材に手を加えてばかりだったいままでは、何だったの？ 素のままがいちばん美味しいじゃんって」

現在はWWOOF（ウーフ）（98ページを参照）のホストにもなり、世界各国から研修生が集う場となったブラウンズフィールド。敷地内には、金・土・日営業のオシャレなマクロビオティックの「ライステラスカフェ」（午前11時〜午後5時まで営業）や宿泊のためのゲストハウスもでき、料理教室やデトックス合宿、音楽イベント、各種ワークショップイベントを随時開催している。

「食のことをXとしているから、ダイレクトに農の必要性は感じますね。食と農は直結していますから。まあ、食費浮かし、カフェの材料費浮かしなんですけどね。5畝（5a）

の畑に、使いたいものをどんどん植えるんです。大根とか、菜っ葉とか。さつま芋やいんげんも重宝ですねぇ」

ペロッと舌を出すデコさんだが、エックス部分のメッセージも忘れない。

「マクロビオティックは、体を元気にするだけじゃなくて、心も穏やかにするんです。それは、世界の平和にもつながると思いませんか。それに、無農薬の食材を使うから土壌を汚さないし、皮をむかずに使うので生ごみも少ない、つまり環境に負荷をかけない料理法でもあるんですよ。地球に対してはいろんなアプローチがあるけれど、私は食を変えるのが、いまの世界を変える近道だと思っています」

レシピ本を数冊著し、都内や海外でも講師をするデコさんの人気もあって、田植えや稲刈り、収穫祭などのイベントには大勢の人が集まる。

「農家、陶芸家、音楽家……、縁あって出会った人たちと、つながって、コラボして、助け合って、それでお互いに楽しかったら最高！」

デコさんのまわりには、今日もたくさんの笑顔があふれている。

中島デコ（なかじま　でこ）マクロビオティック料理研究家。
1958年、東京都生まれ。クシマクロビオティックアカデミィをはじめ、国内外で講演や料理教室を行っている。著書に『マクロビオティックはじめてレシピ』（近代映画社、2003年）、『マクロビオティック　パンとおやつ』（パルコ出版、2005年）、『大地からの贈り物レシピ』（サンマーク出版、2005年）、共著に『美人のレシピ』（洋泉社、2007年）などがある。
ブラウンズフィールド　HP　http://www.brownsfield-jp.com/
ライステラスカフェ　ブログ　http://www.brownsfield-jp.com/

取材・文／吉度日央里　撮影／松澤亜希子　（18ページ・稲刈りの写真提供／ORYZA）　19

畑に立つときの、大地と空に挟まれている感覚がたまらない！

半農半豆腐屋　大桃伸夫さん

「いま一番大事にしていること？　畑！」

まっすぐなまなざしと一緒に、歯切れのよい返事が返ってきた。声の主は大桃伸夫さん。JR池袋駅から歩いて10分の、東京のど真ん中にある豆腐屋の主(あるじ)だ。

日本人の食卓に欠かせない豆腐と原料の大豆。海外からの輸入に頼るようになった現在、国内生産量はめっきり少なくなってしまったが、かつては田んぼの畔には必ずと言っていいほど大豆が植えられていたのだそう。大桃豆腐店の豆腐はすべて国産大豆を使用。豆のうまみや香りを活かした安くて美味しい豆腐には、根強いファンが多い。

大桃さんが原料の大豆をすべて国産に切り替えたのは、店舗の改装があった2004年。豆腐の一部に国産大豆を使っていたところ、「どれが国産？」と質問するお客さんが多くなり、いっそ全部にしようということになったのだとか。取引先の大豆問屋さんから各地でつくられている個性豊かな大豆を紹介してもらい、豆の味を楽しむ豆腐づくりを始めるようになった。

国産に切り替えて原材料費が上がったため、純利益は下がった。しかし、店の売り上げは1.2倍に。

「国産大豆の魅力は、味や香りに個性があり、それぞれ特徴が違うこと」

豆腐づくりは輸入大豆を使っていたときの何倍もおもしろくなった。

だが、大桃さんの情熱はそこでとどまらない。

「自分で栽培した大豆で豆腐をつくりたい！」

ついに、大豆生産者がいる茨城県に畑を借り、自分で大豆を播き始めたのだ。2年目になる07年は畑を大幅に拡大。「大豆畑3反プロジェクト」と銘打って会員を募り、参加者と一緒に大豆と野菜づくりを楽しんでいる。現在会員は47名。毎週日曜には有志が集まり、畑仕事に

畑の大桃さん。これを使うと均等に大豆が播けるのだ。

私たちの半農半X

精を出す。

もっとも、畑を始めた06年、8畝（8a）の畑で採れたのは150kg。店で使う大豆の3日分だ。いまも大豆の多くは問屋から仕入れたり、農家につくってもらっている。実際に無農薬・無化学肥料の畑をやってみて、大桃さん自身の意識も変わった。

「農家の苦労もよくわかりました。僕らは生計に関わっていないから、プロから見たらふざけているみたいに見えるかもしれないね」

農業は自然が相手。無農薬・無化学肥料の栽培は理想ではあるが、農家の苦労を思うと簡単には頼めない。しかし、「畑から豆腐づくりまで、ものづくりの過程を全部自分でやるのは本当にぜいたく」

「畑に立っているときの、大地と空に挟まれている感覚がたまらない！」と、すっかり農の快感に魅了されてしまったようだ。

豆腐屋の役割のひとつに「生産者と消費者をつなげるツール」をあげる大桃さん。自分のつくったものを食べている人たちと直接会うのは生産者にとって励みになるし、自分たちが食べているものがどのようにつくられているかを知ることは消費者にとって刺激になる。大桃さんの畑には、両者が交流する場を提供したいという願いも込められている。

甘みと青みのバランスが絶妙！青大豆「秘伝」。

背中に大きく豆の文字、大桃豆腐店のユニフォーム。

独特の風味をもつ豆を使った、日替わり豆腐も人気。

大桃伸夫（おおもも のぶお）『大桃豆腐』店主
1965年東京都生まれ。北海道で高校教師として勤務したのち、家業だった豆腐店の3代目に。大豆の種まきイベントへの参加から農の楽しさを発見し、種から口に入るまでのものづくりを始める。
大桃豆腐店 HP http://ohmomo.com/

取材・文・撮影／澤田佳子

自然農の畑は、
生命のつながりや関係性を学べる場

半農半生理解剖学講師　野見山文宏さん

伊豆急行線伊豆高原の駅から車で10分も走ると、のどかな田園風景が広がる。生理解剖学講師、野見山文宏さんの自然農法による、5畝（5a）ほどの小さな畑はここにある。

「自然農はほったらかし、ではな

いんです。自然と対話しながら少しだけ手を加えて、自然の力を最大限に生かすんです。東洋医学のアプローチもまったく同じ。その人がもつ自然治癒力を最大限に生かして、治療するんです」

そう言って畑を案内してくれた野見山さん。育てた野菜は、奥さんの雅江さんと2人で食べていくのに十分な量が収穫できるそう。

鍼灸を学んで伊豆の療養施設に勤務し、独立。そのころ「半農半X」という生き方を知り、自給的暮らしを始めた。自身主宰の「slowstay里山リトリート」を経て、現在は東洋医学と現代医学の2つの視点で体の仕組みを解説する「日本一わかる！　生理解剖学講座」を開き、全国を飛び回る。

土の中で野菜や虫やミミズが関係しあっているように、体の中も複雑に関係しあって成り立っている。そんなふうに、体のすごさを農や社会、経済の話にも結びつけ、わかりやすく伝えているのが野見山さんの講座だ。講座を見守る雅江さんは、仕事のよき相談相手である。

仕事のアイディアが浮かぶのは、趣味のサーフィンで波に乗ったときや自然農の畑に立ったときなど、自然に触れている時間だという。

「ぼくには農や海が必要なんです。講座の深い部分でぼくが伝えているのが生命の営みだったりするので。とくに、多様ないのちが調和している自然農の畑は、生命のつながりや関係性を学ぶすごくいい場。まさに『NO FARM NO講座』なんです（笑）」

もともと大手銀行に勤めるサラー

私たちの半農半X

リマン。9年間がむしゃらに働き、「トイレに行く暇もない。太陽がどこにあるのかわからない」という生活を続けた結果、過労で倒れた。入院と自宅での1カ月間寝たきりの日々。治療のなかで東洋医学に出会う。回復した頃、雅江さんとともに10日間の断食道場を体験。その経験が現在の野見山さんの原点といえる。

「人は空っぽになったとき、初めて大切なことに自ら気づくのではないかと思うんです。入院したり会社を辞めて社会からプラグが抜かれているとき、ぼくはいろんなことを考え、気づき、いろんな人とつながった。たとえばコンビニなど、人は現代社会のさまざまなことにつながれていますよね。それを一度断ち切ってみる。心と体をカラッポにする。

すると何かが見えてくる。そんなアンプラグの世界を伝えたいですね」

今後、伊豆の自宅で都会の人を癒す治療を開始する予定もあるなど、活動の幅を広げている野見山さん。

「アンプラグして心と体をオープンにすると、感覚もシャープになります。自然農の畑などで行うワークショップや断食を取り入れたリトリート（滞在型保養施設）など、自然や体を肌で感じる場をつくっていけたらいいな、と思います」

体を使いながら行う講座は、わかりやすいと評判。

自然体な生き方が、さわやかな笑顔に現れる。

自然農の畑で育った野菜は、甘くて美味しい！

野見山文宏（のみやま ふみひろ）「Unplug-lab Japan」代表
1966年、兵庫県生まれ。9年間の銀行マン生活を経て鍼灸師となる。現在、生理解剖学講師として、体のすごさやいのちのつながりについて全国で伝えている。
ブログ　http://plaza.rakuten.co.jp/yululi/

取材・文／鈴木こず恵　撮影／田中利昌

土が都会でたまったものを吸ってくれ、大地からエネルギーをもらう

半農半NPO　渡邊尚さん

何回か根を残して草取りをすると、生えなくなるそう。

　どこからか、赤ん坊のぐずる声。それは20mほど離れた車のなかで眠っていた、渡邊家の「一粒種」むすびちゃんのものだ。母親の亜美さんが、農作業の手をとめ、少し早足で車に向かう。雑音が多い都会では、20m離れたていたら、たぶんその声は届かない。東京から車で40分、千葉市若葉区にある渡邊さんの畑は、都会にはない静けさがあった。
　「農作業をしていると、都会でたまった悪いものが土に吸われて、大地からエネルギーをもらえる感じがするんだ。アースとチャージだよ」
　そう話しながら、1反5畝（15a）ある畑の一角に落花生の種を播く渡邊さんは、都市と農村の結び目として活動するNPO「トージバ」（102ページを参照）の代表をつとめている。
　トージバの活動は、広範かつユニークで、東京の代々木公園で開催される朝市「アースデイ・マーケット」から、「アースデイマネー・アソシエーション」とのコラボレーションによる地域通貨プロジェクトにまで及ぶ。
　その中のひとつに「大豆レボリューション」という地大豆の自給プロジェクトがある。一口5000円で「種大豆オーナー」を募り、その人たちと一緒に、東京近郊の遊休耕地で、大豆の種播きから味噌の仕込みまでを行うというものだ。渡邊さんの畑も、半分は「大豆レボリューション」で使用している。
　ところで「在来種」という言葉をご存知だろうか。土地それぞれの気候・土壌といった自然条件に、何世代にもわたって自らを最適化してきた種のことだ。「大豆レボリューション」で播く種も、千葉県産の「小糸在来」という地大豆＝在来種を使っている。
　「在来種は、その土地で何百年も生き方を学んでいるから強いんだよ。その土地に合っているものを育てるなら農薬もいらないし、ビニールハウスの燃料もいらない。いろんなものが食べたいとか、早く出荷して高く売りたい、という人間のエゴが無駄を生む。そして、それは自分たちに跳ね返ってくるんだ」
　種を播くと、気づかされることがある。たとえば、地球の温暖化だ。
　「夏に雨が降らない日が続いて気

妻の亜美さんと長女のむすびちゃん。

取材・文／上形学而　撮影／田中利昌

温が上がると、前はただクーラーをつけていた自分が、いまは作物を心配している。そこで初めて温暖化を自分の問題として、実感できたんだ。種を播くという行為ひとつで、自分と地球が直に関わってくるんだよ」

渡邊さんは以前、スポーツ用品の流通業界で働くサラリーマンだった。退職のきっかけは、転勤先の九州の熊本で「半農半陶芸家」に出会ったことだった。

「その土地では普通のことだったけれど、都会で育った俺はそれまでそういう生き方があることを知らなかった。子どもを3人持つその親父が、『俺の焼き物が売れなくても、この米があれば家族は食いっぱぐれがない』って言ってたね」

現在トージバでは、イベントなどを通して「半農半X」のライフスタイルを広める活動も行っている。

「『百姓』という言葉は近世まで、多様な生業に従事する人達という意味だった。そういう意味で『半農半X』は、まさに現代版の百姓だよね」。

「アースデイ・マーケット」のトージバブースの看板。

イベントで並ぶ、トージバが厳選した各地の地大豆。

大麦は、埼玉小川町の貴重な在来種、「金子ゴールデン」。

渡邊尚（わたなべ　たかし）トージバ代表
1973年、東京都生まれ。トージバのほかにも、オーガニックな商品を扱う「一粒合同会社」（乾物販売、卸業、企画制作）を運営。妻は「slow water cafe」代表の藤岡亜美さん。
トージバ　HP　http://www.toziba.net/

私たちの半農半X

田んぼで自然を感じるセンサーをみがき、酒造りにいかしたい

半農半蔵人　寺田優さん

　千葉県香取郡神崎町、古くから醸造業の盛んなこの町に、創業以来300年続く蔵元「寺田本家」はある。蔵を代表する自然酒「五人娘」、健康効果が話題となっている発芽玄米酒「むすひ」、現代に甦ったどぶろく「醍醐のしずく」と聞くと、日本酒愛好家なら、思わずつばが出てくる。

　無農薬の酒米を原料として、昔ながらの生もと造り（長時間かけて発酵させる手造り醸造法）で、自然との調和を大切にしながら酒を醸す（麹を発酵させてつくる）いうのが、この蔵のやり方だ。

　芳醇な香りがただよう蔵に入ると、半切り桶という大きなたらいのような木桶にかい棒を入れ、仕込み唄を歌いながら、蔵人たちが蒸した米と水、麹をかき混ぜて、すりつぶす山卸といわれる作業をしている。寺田本家当主の娘婿、寺田優さんは、そのなかにいた。

　ムービーカメラマンのアシスタントをして3年目の2001年、父親に癌の宣告。実家に戻り、半年間介護をした。父親をみとり、「これからどうしようか」と考えたとき、生活のなかで自然とかかわれることがしたいと思った。

　当時読んでいたのが、月刊誌『現代農業』。「農業はかっこいいなぁ」と思っていた優さんは、自然食品店主催のイベントで知り合った寺田聡美さん（寺田本家の次女で現在優さん

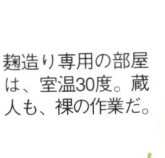

麹造り専用の部屋は、室温30度。蔵人も、裸の作業だ。

仕込み唄を歌いながらの山卸作業で、うまい酒を造る。

の妻。酒粕を使った雑穀料理の研究家)の紹介で、千葉県のブラウンズフィールド(17ページを参照)に1カ月滞在することになった。かつてワーキングホリデーでオーストラリアの農場に1年間滞在した経験をもつ優さんにとって、ここでの農業体験はまさにカルチャーショック。

「とにかくテキトーなんですよ。田んぼだって、耕して、水入れて、植えたって感じで。それでも、秋になればそれなりに収穫できている。みんなで楽しく収穫祭なんてしちゃって(笑)」

「これならできる」と思ったのも束の間、その後、寺田本家の蔵人となり、仕事を覚えるので精一杯。地元の社員が中心となっていた酒米の田で、雑草取りを手伝う程度となった。本格的に田んぼに出始めたのは、その社員が引退し、自分も仕事に慣れた3年目。米づくりから自分でしたほうが、酒のことがもっとわかるはず。そう思ったからだ。

「自然の摂理にかなった酒造りをするなら、まず自然を知ることから。田んぼに出て、季節を知る。こんな雑草がはえてきた、こっちから風が吹いてきたと、自然を感じるセンサーをみがくことが大事だろうと思う」

春から秋にかけて毎朝2時間は畑か田んぼにいる。いくら「テキトー農法ですよ」といっても、社員とつくる酒米用の田んぼ1町歩(1ha)のほか、自宅用の田んぼ2反(20a)、年間30種類の野菜をつくる畑が2反、それに販売用の粕漬けにするうりまで栽培しているというから、驚きだ。

「酒は寒造りといって冬場に造るものですが、実は田植えから始まっているんです。酒米の入手先は複数ですが、自分で育てた米で造ると思い入れが違いますね。最後まで見とどけたい、本当は飲むところまで見たい。出荷するときは、娘を手放すような気持ちです」

そんなレアなお酒は、ぜひ味わってみたいものだ。

寺田優(てらだ まさる)自然酒蔵元・寺田本家蔵人。
1973年、大阪府生まれ。代々女系一家の寺田本家に婿入りし、自然にこだわる酒造りに携わる。妻で酒粕料理研究家の聡美さんらと、酒粕&雑穀料理と日本酒の出張食堂「ちゃんぷるーの素」を結成している。
寺田本家　HP　http://www.teradahonke.co.jp/
ちゃんぷるーの素　ブログ　http://blog.goo.ne.jp/champroonomoto/

取材・文／吉度日央里　撮影／松澤亜希子

農とものづくりの融合で、使う人の顔が近くなった

半農半麻紙アーティスト　野州麻紙工房・大森芳紀(よしのり)さん

　日本で古くから衣類として親しまれてきた麻。関東各地で特産品が確立された江戸時代、現在の栃木県で生産された麻は「野州麻」と呼ばれ、江戸へ向けて出荷されていたのだとか。その野州麻を使った和紙づくりに取り組みながら、ランプシェードなど独自のアート作品を創り出している人がいる。「野州麻紙工房」大森芳紀さんだ。

　芳紀さんは、JR栃木駅から車で40分ほどの鹿沼市（旧粟野町）で、麻をつくり続けてきた農家の8代目。以前は、アミューズメント施設のディスプレイなどを制作していた。仕事は順調だったが、しだいに遊具への化学物質の使用や大量に出るごみなどに疑問を感じ始める。

　そんなときに思い出したのが、子どものころから親しんできた麻だった。やがて、誠実なものづくりをしたいという芳紀さんの思いが、会社員から麻農家へと舵を切らせた。現在は両親と奥さんの淳子さんと一緒に、7haの畑で麻を育てている。

　「麻は繊維が固くて紙になりにくいんですよ。最初はなかなかうまくいかなくて、半年間全国の紙すきをやっている人を訪ね歩きました。そのうち、水俣で竹を素材とした紙をすいている人がいると聞いて会いに行き、そこで修行させてもらうことになったんです。縁ですね」

　しかし、芳紀さんのものづくりは紙だけで終わらなかった。

　「お客さんに直接手渡せるもの、楽しんでもらえるものをつくりたい」と試作したランプシェードがギャラリーをもつ友人の目に留まり、急遽個展を開くことに。大急ぎで30～40の作品をつくり上げた。

　「いろんな人との出会いが、いまの仕事へと導いてくれた」

　エックスとの出会いだった。そして2006年8月、工房の隣にカフェギャラリー「納屋」をオープン。ダムで沈む集落の古民家から、廃材を買い取って建築したというこの建物、

大森芳紀さんと淳子さん。麻と鹿沼が大好きなふたり。

麻紙の材料は、細かくした麻繊維を発酵してつくる。

私たちの半農半X

大工さんの助けを借りながら芳紀さんとおじさんのふたりで建てたというから驚きだ。壁紙には麻紙が使われ、古い建具や古民家の階段などがセンスよく配置されている。そして、店内を照らす明かり作品……。ゆったりとした落ち着きある空間に、ついつい長居してしまうお客さんも多いのだとか。

カフェをやっているのは、淳子さん。淳子さんも、麻の繊維を使ってワラジを編むというものづくりの人。注文を受けて麻ぞうりを制作するほか、ワークショップなども開いている。素敵な空間と、地元の野菜を使ったおいしいピザ。東京にあってもおかしくないお店だ。

「そう勧められたこともあるんですけど（笑）、麻をつくっているこの場所でお店をやっていくことに意味があると思っているんですよ」（淳子さん）

「種から育てて使う人に直接手渡せる、農とものづくりの融合した暮らしを大切にしたい」（芳紀さん）

農業は、種播きから収穫までを家族で行う仕事。家族とともに働き支え合うライフスタイルと、地域にしっかりと根付いた暮らしが、二人の創作活動を支えているようだ。

収穫された麻は熱湯で殺菌し、ハウスで乾燥させる。

5月の麻畑。7月の収穫のころ、麻は2mを超す。

大森芳紀（おおもり　よしのり）野州麻紙工房主宰
1979年、栃木県生まれ。2000年、実家の麻農家を継ぎ就農。麻紙と、麻紙を使った明かり作品をつくり始め、展示会やワークショップを通じて麻の持つ可能性を広めている。
野州麻紙工房　HP　http://www003.upp.so-net.ne.jp/gajin/index.html

取材・文・撮影／澤田佳子

若者たちが得意なことをする「半農半X村」をつくれたら

半農半自然食宿料理人　船越藍さん

にんにくや生姜でつくる、野菜のための漢方栄養剤。

　岡山県、備中高梁駅から車で30分。吉備高原の山奥に、「百姓屋敷わら」という人気民宿がある。この宿の目玉は、宿の主人であり何冊もの料理本の著者でもある船越康弘さんの「美味しく、楽しく、ありがたく」食べる自然食だ。

　現在わらの厨房のほとんどを任されているのは、船越家長女の藍さん。驚くことに、弱冠20歳。しかし侮るなかれ、彼女は小さいころから厨房の戦力として働いてきた1人前の料理人だ。

　そんな藍さんは、2007年から研修生たちと広さ1反（10a）の畑と2反の田んぼを始めた。植えている野菜は20種類程度。野菜、米ともに農薬も化学肥料も使わない方法で育てられている。いや、彼女たちの農法を見ると、彼女たちはただ、作物が元気に育つ手助けをしている、と言ったほうがしっくりくるかもしれない。

　互いに助け合うような相性のよい野菜を植える農法「コンパニオン・プランツ」、酒や果実、黒糖などでつくった虫をおびき寄せる液体を容器に入れ、畑に置いて虫害を防ぐ「ほめごろし」、ヌカを材料に土着の微生物に"協力してもらって"つくる堆肥。本やセミナーで学んだ農法をもとに、日々畑に入り、土を触りながら、試行錯誤しているという。

　「心がけているのは、土地にあるものを使って肥料をつくるという、お金もかからない、無駄の少ない循環型の方法ですね」

　でも、実際にやってみてはじめて、むずかしい部分もあることがわかったという。思い通りに芽が出てこなかったり、宿の仕事が忙しくて、畑に行く時間がとれないときもある。

　「きょうくらいはいいや、と思っても、野菜は人間の都合に合わせてくれないんですよね」

　いま藍さんが、エックス＝ミッションとしてやりがいを感じているのは、わらで行う「親子合宿」というイベント。参加する子どもたちに大自然のなかで、ふだんはできない洞窟探検や弓矢づくりといった「遊び」から料理、掃除、畑仕事といった責任感と自信をはぐくむ「仕事」までを体験してもらうものだ。

　「たった3日間だけれど、帰るときには都会で育った子どもたちの顔つきが、あきらかに変わっているんです。これからは、そういう自然や生活の大切さに、若い人たちが気づけるようなイベントを、もっと企画していきたいです」

私たちの半農半X

今後はわらで農と料理を研究しながら、仲間を増やし、若い人たちがそれぞれ得意なことをして自給・自律する「半農半X村」をつくるのが目標だそうだ。

もっとも、藍さんの「農」も「X」もまだ動き出したばかり。「農をやっていて最初に感動したことは？」という質問には、こう答えてくれた。

「堆肥中の微生物が増えるときに、材料の落ち葉が発酵して、熱が出るんですよ。火もないのに堆肥の温度が上がったときは、保温のためのシートの上に寝転んで『なにこれ？あったかーい！』って単純に感動しましたね」

微生物の繁殖を温度として、体いっぱいに感じる。それは料理でいう「味見」のようなものだ。そのような直感こそが、自然との対話のひと言目になるのだろう。

わらの農作業班。大地に感謝を込めて、畑をつくる。

この日の収穫は、さやえんどう。料理の腕が鳴る。

「料理とはずっと関わっていきたい」と言う藍さん。

太陽と反対に向けて、苗を斜めに植える。

船越藍（ふなこし　あい）百姓屋敷わら料理人
1987年、岡山県生まれ。幼少のころから厨房に立ち、料理を学ぶ。現在は、厨房のほとんどを任されている。
百姓屋敷わら　HP　http://www.wara.jp/

食や農をとりまく環境を、少しでもよい方向にしたい

半農半NPO　小黒彩香さん

旅の疲れをいやす週末営業の「鉱泉みずがきランド」

　山梨県北杜市須玉町増富地区にある、30世帯ほどが住む集落、黒森。そこは、日本百名山の1つ、瑞牆山の麓、標高1200メートルの場所にある。JR中央本線韮崎駅からバスに揺られて50分。秩父多摩国立公園内の、とても静かで美しい山村だ。かつては馬産地で、炭焼きや蚕の生産も盛んな地だったという。冬は零下18度まで気温が下がることもあり、寒暖の差が激しいところだ。

　現在は過疎化が進んで、高齢者が集落の人口のおよそ半分に達し、手がつけられなくなった耕作放棄地は増える一方。この疲弊した山村を、有機農業をしながら都市農村交流活動をして活気づけている女性がいる。小黒彩香さんだ。北杜市で食、農、エネルギーなど、多角的な視点で地域共生型の市民ネットワーク社会づくりを目指して活動しているNPO法人「えがおつなげて」（103ページを参照）のスタッフになり、2005年、夫の裕一郎さんとともにこの地に入植した。

　OLだった彩香さんの転機は01年、退社してタイの農村へボランティアに行ったこと。そこで、貧しさから生活費をかせぐために、農薬・化学肥料漬けの大量生産の農業をする村人の姿を目の当たりにした。

　「海外の企業のためにポテトチップス用のじゃがいもをつくるあるおじさんは農薬で体を壊し、体重が42kgに……」

　タイの人びとと暮らす2年間で、発展途上国への搾取の上にたつ、食料自給率が4割しかない日本の食や農の現実が見えてきたという。

　日本の農業や流通を変えなくては！　そう痛感した彩香さんは帰国後、知人の紹介を通じて「えがおつなげて」が行った増富地区の遊休農地開墾ボランティアに参加する。

　「農や食の仕組みを変えたい気持ちと、自分の行動が矛盾しない生き方をしたいと思い、ここで農業をしながら、その想いを仕事で表現しようと考えました」

自宅前の畑でも、家庭菜園を楽しむ小黒夫妻。

取材・文／鈴木こず恵　撮影／澤田佳子

私たちの半農半X

開墾した農地は「えがおファーム」となり、05年から3年間で3haにまで拡大。彩香さんの仕事は、「えがおファーム」と温泉施設「鉱泉みずがきランド」を拠点に、「大豆をつくろう」「都市農村交流キャンプ」といったグリーンツーリズムの企画・運営、菓子処「清月」（本社：南アルプス市）など企業との共同農場の管理、農村ボランティアやウーファー（98ページを参照）の受け入れ、野菜の宅配・直売など多彩だ。

「農村には農地だけでなく、森林やお年寄りのもつ農林技術や知恵、文化や伝統など、何世代にも渡って引き継がれてきた豊かさがあります。私たちの仕事は、これらの資源を活かすことですが、都会の人たちにも参加してもらって一緒にそれをやるんです。きっと都会の人も、精神面などが活性化されるはず。農村と都会の消費者をつなげ、交流しながら地域づくりをしていきたい」

黒森では従来の近代農業のやり方がまだまだ主流。だが、えがおファームで農薬も化学肥料も使わない美味しいとうもろこしが2万本以上育った姿を見て、彩香さんたちの農法にも、関心をもつ人が現れ始めた。

「村びとと一緒に、おいしい野菜づくりをやっていけるようになってきたことがうれしい」

彩香さんは、自らの胸のなかにある想いを着々と現実に変えている。

小黒彩香（おぐろ　さやか）NPO法人えがおつなげてスタッフ。
1979年、神奈川県生まれ。有機野菜の生産をしながら、グリーンツーリズムなどの都市農村交流活動に携わり、多忙な日々を過ごす。
えがおつなげて　HP　http://www.npo-egao.net/

33

農を楽しみ、X＝天職を楽しむ

私たちの半農半X

~塩見直紀による実践者インタビュー~

「ペンション自給自足」は、半農半Xで生きるためのヒントがいっぱい

半農半ペンションオーナー　勅使河原道子さん

　ぼくは、店や会社の屋号に注目している。いろいろな屋号に出合うなか、感じるのは、ミッションを表現した屋号のもつチカラ。

　2004年、京都府が進めている「農のあるライフスタイル」に関する会議に参加した際、京都府宮津市木子でペンションを経営している勅使河原道子さんと出会った。ペンションの名はなんと「自給自足」。なんて直球勝負な名前なんだろう。

　どんな旅人がやってくるのか気になる。間違っても、大富豪志向の人はやってこないだろう。それは、実はとっても大事なポイントなのだと思う。「自給自足」という屋号をかかげていると、人生のめざすところが同じ、ビジョンが同じ人が泊まりにやって来て、すぐ友だちになれるそうだ。

　「生涯の友と出会えることは幸せだと思う。そして、旅するだけでなく、共感した旅人が近所に移り住んでくれた例も多い。同じ気持ちをもった仲間が増えることはうれしいし、集落を守っていくうえでもとても大事なこと」

　何歳くらいの人が泊まるのか尋ねると、20～30歳代とのことだった。拙著『半農半Xという生き方』の読者や、綾部市が行っている農家民泊「素のまんま」の顧客と同じ層だ。このことを日本はどう考えるかが、いま大事だと、ぼくは感じている。

　大阪のおばちゃんパワーの強烈な濃いキャラをもち、でもとってもかわいい勅使河原さん。ぼくは会議で会うたび、ファンになっていった。

　勅使河原さんは大阪で教員をしていたが、夫の仕事の都合をきっかけに、自然のなかで新しい人生を送りたいと思うようになった。1991年に家族で移住。最初は高原での就農を志したそうだ。畑は身近な野菜から始めたが、どこにでもある野菜で勝負することは無理だとわかってきた。

　京都の山深い丹後の地で何をつくるべきなのか、何を売りにすべきなのか。模索が続くなかで、たどり着いたのがペンションの経営だった。もう13年前のことになる。「本当は自身が加工した食品を販売するセンターがほしかったから」と言うが、他店に卸したり、行商よりも、自店

で販売したほうがいいということだ。その後、周辺の身近な作物であった蕎麦の存在に気づき、蕎麦を使ったメニューや蕎麦打ち体験をペンションの売りにしていった。

勅使河原さんの農のコンセプトは最高だ。来年、種播きしないで済むこごみ、しそ、ふき、たらの芽などを植える、播く。「翌年、勝手に生えてくれるととってもラク。楽農は大事だ」と笑う。

エックスに時間がまわせるように楽農力に磨きをかける。アイデア豊富で身近な地域資源の加工力、換金力をもつ。「自給自足」という時代を超える真理をメッセージ。ミッションを屋号で表現することで、来てほしい人を集客できる。ポジティブシンキングで、明るく濃いキャラクターが人を引きつけ、ファンになってしまう。「ペンション自給自足」は、「半農半Ｘ」で生きるためのヒントがいっぱいだ。

最近ぼくは、「半農半Ｘを求める人と、田舎暮らしを求める人は、確実に異なる」と感じるようになった。２つは同じように思えるかもしれないが、エックスを有する生き方は田舎暮らしとは違うのだ。半農半Ｘの「Ｘ」の文字は、２つのバーがクロスしている。１つが社会で、１つが自分。２つが重なるところがＸであ

り、そこに天の仕事が生まれるとぼくは思っている。

田舎暮らしは永久に交わらない線路のように「平行線（パラレル）」であると感じることもある。これからは、自己都合のために田舎暮らしをする時代ではもはやなさそうだ。山積する問題解決のために、田舎暮らしにもミッションがいる時代、覚悟がいる時代になっていく。

勅使河原さんの夢は何か。それは、「この地を無農薬村にすること」だという。

約１反（10a）の蕎麦畑では、蕎麦の実つみの体験ができる。

ペンションの前でお客さんと。最近は自然志向の若者が多い。

勅使河原道子（てしがわら　みちこ）ペンション自給自足オーナー。
1944年、大阪府生まれ。京都府宮津市の山あいで、季節の山菜やそば、自家製こんにゃくを使った里山料理を出すペンションを営む。そば打ちや農業体験も人気。
ペンション自給自足　　HP　　http://www2.nkansai.ne.jp/hotel/jikyujisok/

大好きな土地をまるごといかし、大好きなことをして食べていく

半農半職員＆NPO　鹿取悦子さん

　数年前のある日、ぼくはNPO法人「里山ねっと・あやべ」の当番日で、母校の旧豊里西小学校にある事務所にいた。そのとき、1人の女性が赤の四駆に乗ってやってきた。「かやぶきの里」で有名な京都府美山町（現在、南丹市）からきたその人は、観光農園で知られる「江和ランド」の職員、鹿取悦子さんだった。

　ぼくはそのとき、鹿取さんからすごく野性的な何かを感じた。何なのだろう、この野性性は？　ふとヘンリー・D・ソローのことば「ぼくたちには野性という強壮剤がいる」を思い出した。いままで里山ねっとや半農半X研究所でたくさんの訪問を受けてきたが、女性で野性性を感じたのは鹿取さんだけだ。あの日のことはいまも鮮明に覚えている。圧倒的な存在感なのだ。

　東京のど真ん中に生まれ育ったという鹿取さんは、京都大学農学部林学科に学び、院生時代までの6年間、京大演習林のある美山の芦生の原生林をこよなく愛し、とにかくよく歩いた。島根大学の講師に採用され、充実した日々を島根でも過ごしていたが、学問よりも山村での暮らしや地域振興、芦生の原生林がある美山への思いが捨てきれず、美山に移住した。そして江和ランドの職員となり、現在は代表の大野安彦さんを支えている。

　鹿取さんは自給分として、また江和ランドでも稲や野菜を育てる。清流で鮎を獲ることも大好きだ。パートナーと一緒に、ちょっとした建物を建てることもできる。

　「自分の手で何でもできる村人を、かっこいいと思う」という。

　忙しい鹿取さんだが、2004年に仲間とNPO法人「芦生自然学校」を立ち上げた。自然体験、環境教育、自然観察やカヌー、ラフティング、サイクリング、アウトドアスポーツ、農業体験、田舎生活体験などのイベントガイド、「自然」と「自然の中の遊び、暮らし」を知ってもらうことが開校の趣旨だ。木を伐る「そま人体験」、鹿を解体する「猟師体験」もできる。原生林のトレッキングやスノーシュー体験も可能だ。

　「美山をまるごといかし、大好きなことで食べていく。そして、いまの時代に本当に大事なことをメッセージする」というのが、鹿取さんの信条。

　美山に住んで、美山のものを食べていくということは、大変だけど一番安心なこと。そのために働き、そ

私たちの半農半X

のために必死になっていくと、山や川、野菜や米、天気や風、動物や樹や草などについて、ものすごくたくさんの基本的なことが見えてくる。異変も感じるようになる。

驚いたのは、鹿取さんが猟師をしていて、鹿を獲っていたことだ。イノシシを獲っていたこと。いままでなかったことが村でも起こっている時代。山からやってくる獣害もその１つだ。それは年々ひどくなる。放っておけば畑や田んぼは獣害でひどいことになり、従来の動物だけでなくアライグマなど外来種の被害も、どんどん増えている。もちろん駆除も大切だが、防除や自然環境の改善など課題が多く、一概にどうすべきなどと言えないという。

鹿取さんは、猟師の立場、住民の立場、農民の立場から、動物の駆除やシンポジウムを行ったり、情報を伝えることなどをしながら、自然と人間の棲み分けに取り組んでいる。

ある日、鹿取さんから鹿のソーセージをいただいた。猟犬も十数匹育てているという。今後彼女はどうなっていくのか。野性性にさらに磨きをかけていく鹿取さんは、これからもとっても注目の人だ。

夏には、子どもたちの魚獲りイベント。先に飛び込めるのは誰？

農シーンの鹿取さんは、なんともりりしい。頼もしいかぎり。

鹿取悦子（かとり　えつこ）観光農園 江和ランド職員・NPO法人芦生自然学校理事。1969年、東京都生まれ。京都府のほぼ中央に位置する、南丹市美山町在住。コテージに宿泊して農体験ができる江和ランドに勤めながら、自然体験を通して環境教育を進めていくNPO法人芦生自然学校の活動をしている。
芦生自然学校　HP http://www.ashiu.org/
観光農園 江和ランド　HP http://www5.ocn.ne.jp/~ewaland/

37

半農半Xアンケート調査

あそこにも、ここにもいた半農半X実践者たち。
アンケートで根掘り葉掘りうかがってみたら、
なんとも個性的、独創的！
すご〜くおもしろい、
それぞれのドラマをお届けしまーす。

いのちのめぐりを実感し、そのなかにいることに感謝

- 名前（生まれ）：Yae＜本名：藤本八惠＞（東京都生まれ）
- X（職業、肩書き）：歌手
- 住んでいる地域：千葉県鴨川市（2005年〜）
- 家の形態：戸建て
- 農地の規模：鴨川自然王国内の7反（70a）の畑の手伝い
- 家族構成：本人、夫、息子1人
- 農法のこだわり：無農薬・無化学肥料
- 栽培している作物：自然王国が年間を通して約50種類を栽培し、その一部を手伝い。
- 自給率：米と野菜は100％自給できている
- HP：http://www.yaenet.com/

●半農半Xを始めたきっかけは？

父の死がきっかけでした。人は食べられなければ死んでしまう。生きるということは食べるということなんだと、身をもって考えてくれた父。心から食べることへの意識が変わりました。そして、自分で食べるものを自分で作ろうという意識へと向かっていきました。

●あなたにとって、農とX、この2つが必要な理由は？

私にとっての農とは、暮らしそのもの。人間らしい暮らしを営み、生きがいとしての「唄う」ということは、その上に成り立つのだと思う。

半農半Xのこころ A to Z 26のキーワード **E** 【the Earth and future generation】半農半Xの方向性は、「7世代先」「後世」「将来世代」。そして、ひとつの「地球」。

半農半歌手◆**File.01**

●座右の銘、影響を受けた人、本などは？

「楽しくなければ 人生じゃない」

●農やXを通じてこれからチャレンジしていきたいことは？

こんな自分の生き方が、自分の人生をどう生きていけばいいのか
悩んだり、不安に思う、たくさんの人々に、小さな種の一つぶとして
でもいいから、伝えられたらと思う。

●人生のテーマ、夢を教えてください。

私が今、何よりも確信をもって言えることは、
　すべての答えは「土」にあるということです。
「土」から生まれ、「土」に帰っていく。
「土」から離れてしまった現代の人々がまた「土」を取り戻し、
自然と共に、その大きな循環の中で生きることができれば
　全ての問題は解決するだろうということ。
　だから土と平和はとても深く結びついているんだと思います。

earth & peace
Yae

撮影／松澤亜希子

39

File.02 ◆半農半フリースクール・寄宿生活塾代表

エックスは今生のお役目。
子どもたちのふるさとになれたら

- ◆名前（生まれ）：岩谷（宇津）孝子（1960年、東京都生まれ）
- ◆X（職業、肩書き）：フリースクール・寄宿生活塾「フリーキッズヴィレッジ」代表、心理カウンセラー
- ◆住んでいる地域：長野県伊那市（2004年〜）
- ◆家の形態：戸建て
- ◆農地の規模：6反（約60a）
- ◆家族構成：本人、長男（小4）、寄宿生、スタッフ、ウーファー（98ページを参照）など、10〜20名
- ◆農法のこだわり：有機農業（合鴨農法）、自然農など、土地や気候に合った農法を模索中。
- ◆栽培している作物：米（コシヒカリ、黒米、白毛もち米＝古くから伊那谷に伝わるもち米の一種）、そば、麦、雑穀、ほとんどの野菜
- ◆自給率：米、味噌は100％自給。野菜は98％自給（にんにくと生姜を買い足す）。
- ◆HP：http://www.freekids.jp/

●あなたにとって、農とX、この2つが必要な理由は？

地球環境や経済社会が変動しても次世代の子どもたちが生き抜いていく「生きる力」を育むために、暮らしの中で農とXを子どもたちに伝えていくことが必要だからです。

●いま住んでいる場所を選んだワケ、その地域・集落に惹かれた理由は？

子どもが自分の足で、田・畑・森・川という生活に必要な場所まで歩いていかれるということ。庭先に湧水が流れていて水が豊か。標高960mなどで温暖化にも適応しやすい。スクールバスのバス停が目の前。実家（栃）にバス1本で出られる。

●農を通じて得たいちばんの感動体験は？

一年目の秋にお世話になったご近所の方を招き、自分たちで収穫できたもので収穫祭を催せたとき、「本当のお祭りだ」と思えて感謝と共にうれしかったです。

半農半Xのこころ A to Z 26のキーワード

F 【Family and Farmer】「『家族』の語源は、『一緒に耕す者たち』＝Farmerに通じている」とは、民俗研究家・結城登美雄さんのことば。家族団らんは大事！

● Xに対してのこだわり、Xを追求していくなかでの
　喜びや感動、楽しさ、おもしろさ、むずかしさは？

　Xは、今生の自分のお役目だと感じています。天から与えていただいたことをそのまますべてお引き受けしていくことの積み重ねです。
　子どもたちの喜び・感動・成長が、そのままこの上ない私の喜び・感動です。

● 農やXを通じてこれからチャレンジしていきたいことは？

　農を通じて得られる大地や宇宙とのつながり、そこに宿る精神性を子どもたちに伝え、自然に近い、無肥料でも豊かな田畑を次世代に残していきたいです。

● 人生のテーマ、夢を教えてください。

　居場所のない子どもたちのふる里になれるよう、その都度与えられた役目を果たせる自分であるために、心と身体を整え、感謝と共に生きていくこと。

● 後進へのアドバイスをお願いします。

　自分の中心を見失わずにいれば、本当に必要なものは、すべて与えていただけると思います。心を開き、身体の声を聴き、笑顔で生きていきましょう。

File.03　◆半農半ウェブクリエイター

いのちのめぐりを実感し、そのなかにいることに感謝

- ◆名前（生まれ）：持留(もちどめ)・ヨハナ・エリザベート（1962年、ロンドン生まれ）
- ◆X（職業、肩書き）：ウェブ制作
  （「アースディ東京」「NPO法人メダカのがっこう」
  「東京大学ドイツヨーロッパ研究センター」など）
  「職人がつくる木の家ネット」事務局
- ◆住んでいる地域：山梨県北杜市（2002年～）
- ◆家の形態：戸建て
- ◆農地の規模：4畝（4a）
- ◆家族構成：本人、夫、息子2人
- ◆農法のこだわり：自然農
  　耕さない：そこにすでにある生態系のなかで野菜を育てる。
  　　　　　　なるべくエネルギーをかけない。
  　もちこまない：刈り敷きにした草や虫の糞・なきがらなどが地に還って
  　　　　　　　　土を豊かにする。いのちのめぐりがそこにある。
  　肥料、農薬、マルチなどは使わない。
  　＊慣行農法より早くできなくてもゆっくり待ち、
  　　大きさや出具合などまわりと比較しない（子育てとおんなじ）。
  　　情報交換をして、その年の気候や情況に応じた工夫を重ね、
  　　作物ができたことに感謝する。
- ◆栽培している作物：じゃがいも、小松菜、ルッコラ、ほうれん草、春菊、
  水菜、セロリ、きゅうり、トマト、ミニトマト、ほおずきトマト、オクラ、
  つるむらさき、ブロッコリー、キャベツ、白菜、玉ねぎ、にんにく、長ねぎ、
  なす、ピーマン、伏見甘長、さつま芋、とうもろこし、かぼちゃ、
  モロッコいんげん、いんげん、大豆、バジル、いちご、しいたけ、
  小麦、ライ麦。
- ◆自給率：夏は野菜の90％くらい、冬は小麦、ライ麦、ほうれん草、春菊、
  水菜、かぶなどで60％くらい。パン用の小麦は3割くらい自給（香りがいい）。
- ◆HP：http://www.otsukimi.net

●半農半Xを始めたきっかけは？
・家族の食べ物を自分でつくりたくなった。
・生ごみや落ち葉を燃えるごみの日に出す理不尽→土のある暮らしをしたくなった。
・子どもがいる。食べ物がどこからきてどうやって育つのかを、ともに学びたかった。
生活を自分たちの手に！→移住しよう！99年「ザ・ロング・ウォーク・フォア・ビッグマウンテン」のサポートをしていた縁で三井農園さん（結いまーる自然農園、97ページを参照）の自然農を知り、半農を前提に引っ越した。

●あなたにとって、農とX、この2つが必要な理由は？
農：家族＋αの食べ物を得る。そして、いのちのめぐり、季節のめぐりを実感し、そのなかにいることに感謝する
X：必要なお金を稼ぐためでもあり、自己表現でもあります。

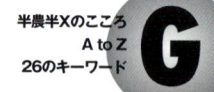

半農半Xのこころ　A to Z　26のキーワード

G 【Give life】「与える」は21世紀の精神のひとつ。「誰かに与える」だけでなく、「与えてもらっている」という恵みを感じ、それを誰かにギフトすることも。

農があることで、生活費を抑えられるだけでなく、実感が豊かになり、表現に自由が出てくる面もあります。畑は人を変える！

●**いま住んでいる場所を選んだワケ、その地域・集落に惹かれた理由は？**

もともと八ヶ岳は好きな場所だった。三井さんとの出会いもあり、たまに打ち合せで出る東京にも車や特急電車で2時間、普通電車でも3時間と近かったことも選んだ理由。なによりよいのは、景色のよさ！　心が広くなります。

●**地域の人との交流は？関わりのなかで気をつけていることは？**

あいさつをする。家の周囲の草刈りはきちんとする。草があるのは畑だけ、という状況にしたい！
地元の人とは、子どもの学校や保育園を中心に交流。移住の人たちとは、地域通貨、上映会、ライブなど、積極的なつながりが多い。

●**半農半Xの生活のなかで起きた最大のピンチ・苦労は？**

スローライフなんて、大ウソだ〜い！忙しいです。季節に追われます。時期逃せないし、草の勢いはすごいし……。でも、こういう忙しさは「あっていい」忙しさ。その分、冬ののんびりも、うれしいし。

●**農を通じて得たいちばんの感動体験は？**

子どもたちは、「種を播いて、芽が出て、作物ができること」を当たり前のこととして知っている。それがなによりうれしいです。

●**座右の銘、影響を受けた人、本などは？**

人間の本質は利己心ではなく、利他心にある（ダライ・ラマ）。

●**農やXを通じてこれからチャレンジしていきたいことは？**

東京が住めない場所になったら、友達や家族を受け入れてあげたい（疎開場所）。田舎暮らしのことを書いて、発信したい。

●**人生のテーマ、夢を教えてください。**

人や自然への感謝と調和。季節のめぐりと自分の暮らしが合っていくこと。

●**後進へのアドバイスをお願いします。**

「田舎の生活、大丈夫かな？」と思う面もちょっとありましたが、いまでは子どもたちにとってこんなにいいところはないと思っています。生活クラブの宅配も来てくれるし、インターネットで本も買えるし、仕事も以前からの信頼関係で続いています。友達だって、ゆっくり遊びに来てくれるし。「都会は生命維持装置」と思われることも多いようですが、離れてみてしまえば意外にそうでもない。だから、エイヤっ！て、直感を頼りに一歩踏み出してみることです。自由になることは、確かだから（依存→自由、という意味で）。これから子育てする人はぜひ田舎へ！

File.04 ◆半農半音楽家

野良仕事は1人でやると瞑想、仲間とやるとお祭り

- ◆名前（生まれ）：玉木智子（1964年、東京都生まれ）・哲太郎（1969年、沖縄県生まれ）
- ◆X（職業、肩書き）：音楽家
  （ポップ・インストゥルメンタル・デュオ「イルカッパーズ」、オリエンタル・フォークロック・バンド「bobin and the mantra」、沖縄民謡ポップス・バンド「千博楽家族楽団（チャンプラーズ）」他）
- ◆住んでいる地域：千葉県長生郡一宮町（2005年～）
- ◆家の形態：戸建て
- ◆農地の規模：田んぼ1町歩（1ha）、畑1反5畝（15a）
- ◆家族構成：夫婦、息子の3人
- ◆農法のこだわり：農薬、化学肥料、除草剤、遺伝子組み換え種を使わない。毎年工夫をしています。EMぼかし肥、藁、落ち葉、ぬか、竹粉、灰、籾殻薫炭、籾殻堆肥など。
- ◆栽培している作物：米（コシヒカリ、満月餅、黒米、赤米、緑米）、小麦、大麦、大根、人参、ごぼう、にんにく、ねぎ、さやえんどう、グリーンピース、さやいんげん、きくいも、じゃがいも2種、さつまいも各種、にら、ヤーコン、枝豆、大豆、黒豆2種、小豆、レタス各種、ディル、コリアンダー、パセリ、しそ、バジル、カモミール、トマト、きゅうり、なす、かぼちゃ、ししとう、ピーマン、小松菜、水菜、春菊、とうもろこし、里いも、ルッコラ、オクラ、玉ねぎなど。
- ◆自給率：米と豆は100％以上。野菜は50％。
- ◆HP：www.monsoonrecord.com

●半農半Xを始めたきっかけは？
もともと、夫婦で音楽をしていました。農との出会いは、97年、智子が病気（胸部腫瘍）をしたことがきっかけ。西洋医学では限界があり、そこから食を見直すことに。有機農産物を買うようになって地元千葉県東葛地域の有機農家の友人ができ、彼の所で援農を7年続けました。その後房総に移住、田畑を借りることができました。

●あなたにとって、農とX、この2つが必要な理由は？
音楽は自分たちの歴史であり、生活の柱。音楽があるおかげで、いろいろな場所でいろいろな人たちとつながっていくことができます。農は単に食料生産ではなく、ライフスタイルそのもの。体を使い、頭も使い、心は癒される。本来、人間がもっている力が発揮されていき、自分の底力が蘇ってくるのが感じられます。国内自給率を少しでも上げたいという思いも。

●いま住んでいる場所を選んだワケ、その地域・集落に惹かれた理由は？
都市近郊での家探しが行き詰まり、より田舎まで候補地を広げた結果、縁あって房総へ移住。田んぼは隣町（車で20分）ですが、休耕田を快く貸してくれる地元の親切なお百姓さんたち、粘土質で美味しいお米がとれる谷津田、そして日本の原風景が残る里山に惹かれています。

●地域の人との交流は？関わりのなかで気をつけていることは？
集落へ入れてもらうということは、彼らが長年守ってきた土地を使わせてもらうということ。感謝の気持ちを形で表すことは大切なんだなあ、と痛感しています。

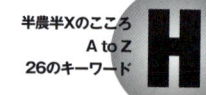

半農半Xのこころ A to Z 26のキーワード

H 【Hand】手仕事、手作業、手塩にかけること。もう一度、手ることを大切にする文化を招来することが必要だ。

私たちの場合、集落の中では唯一有機無農薬で田んぼをやっています。慣行農業をしていても、お百姓さんたちは知恵の宝庫。なにげない一挙手一投足に、長い歴史に裏打ちされた農的暮らしの工夫があふれています。

隣地の杉を切ってしまった、他人の田んぼの水を止めてしまった、田んぼにコンバインがはまってしまったなど、失敗談は数多いですが、そのつど誠意をもって「ごめんなさい」「ありがとう」を伝えていくしかないですね。

● 半農半Xの生活のなかで起きた
　最大のピンチ・苦労は？

自宅近くの梨園・ブドウ園の農薬散布は激しいです。絶句します。空気は選べません。農村での農薬散布の問題は深刻です。

● 農を通じて得た
　いちばんの感動体験は？

自然を感じることができること。土を触るといのちを感じる。
仲間といっしょに野良で食べる弁当は、ホントにうまい！
野良仕事は一人でやると瞑想、仲間とやるとお祭り。

● 座右の銘、影響を受けた人、
　本などは？

影響を受けた人は多すぎるので、直接生き方を変えるきっかけになった人ということで3人だけ。
吉田篤（真澄農園）：援農先であり、現在も農のことをいろいろ教えてくれる先輩。直接農とかかわる強力なきっかけをもらいました。
堀部正江（堀部助産院）：食の大切さ、マクロビオティックを私たちに教えてくれました。
臼井健二（舎爐夢ヒュッテ）：「与えることから始まる」「完璧ではなく6割を目指せばいい」という言葉に、折にふれ励まされています。

影響を受けた本もたくさんありすぎるのですが、とりあえず思いついたものをいくつか。
哲太郎は『シンクロニシティ』（F.デヴィッド ビート著、サンマーク出版、1999年）、『前世療法』（ブライアン・L・ワイス著、PHP研究所、1996年）。
智子は『聖なる予言』（ジェームズ レッドフィールド著、角川書店、1994年）、『未来食』（大谷ゆみこ著、メタブレーン、1996年）

● 農やXを通じてこれから
　チャレンジしていきたいことは？

まちづくり。コミュニティの再生。人を信じて生きていける社会づくり。自給農（半農半X）の仲間を増やしていけば、世の中の流れが変わっていく。病気、貧困、都市問題の解決の糸口は農的生活の広がりと深まりにあると思います。

● 後進へのアドバイスを
　お願いします。

人により、場所により、時代により、やり方は千差万別。とにかくトライ＆エラーでやっていくしかないですね。仲間がいるとがんばりがききます。

45

File.05 ◆半農半天然酵母パン職人

稲束の重さは、
天からの恵みの重さ

- ◆名前(生まれ)：吉岡季洋(としひろ)(1949年、北海道生まれ)
- ◆X(職業、肩書き)：パン・菓子製造(天然酵母パン工房『ころぽっくる』店主)
- ◆住んでいる地域：栃木県那須烏山市(1995年〜)
- ◆家の形態：戸建て
- ◆農地の規模：田んぼ1.5反(15a)、畑2反(20a)
- ◆家族構成：本人、妻、娘2人
- ◆農法のこだわり：獣肥を使わない無農薬有機栽培
- ◆栽培している作物：米、小麦、ライ麦、かぼちゃ、さつま芋、すいか、白菜、キャベツ、大根、大豆など。パンづくりに使うはじめの5つが主。
- ◆自給率：年によって違うが、米、麦、野菜全体で考えると50％くらい。

●半農半Xを始めたきっかけは？

私は、団地住まいのころから無農薬有機栽培の野菜づくりに興味があり、妻はマクロビオティックの菓子やパンづくりが得意だった。ベランダで古代米のバケツ栽培をしてみた私は、その実りの姿に心を打たれ、本気で田んぼをやりたいと思うようになった。
「仕事を辞めて農業を始めたい」と言う私に、妻は最初反対したが、幼稚園で妻のつくったパンを販売することになり、いつの間にか私も、仕事をしながら妻のパンづくりを手伝って、休日に農業を楽しむ生活に。そして、百姓生活に踏み切るための土地と家探しを始め、いまの土地に自分で家を建て始めた。その2年後の1995年、パン工房と住まいが完成。

●あなたにとって、農とX、
　この2つが必要な理由は？

つくることの大切さを農に学び、生活の原点に立ち返ることで、よいパンが焼けるような気がする。また、よいパンを焼くために農作業に励むことができる。どちらもなくてはならないもので、われわれを支え、かつ育ててくれるもの。

●いま住んでいる場所を選んだワケ、
　その地域・集落に惹かれた理由は？

当時は宇都宮で自衛官をしていたので、

通勤時間1時間圏内で土地を探していた。南那須地区は農薬の空中散布もなく、無農薬栽培の農業をやっていくうえで、たいへんよい環境だと思った。

●農を通じて得た
　いちばんの感動体験は？

91年42歳のとき、一本の稲の開帳した姿に感動した。それから毎年、その様子を見たくて米をつくっている。収穫のときの稲束の重さは、天からの恵みの重さ。その重さに感動を覚える。

●Xに対してのこだわり、
　Xを追求していくなかでの
　喜びや感動、楽しさ、おもしろさ、
　むずかしさは？

マクロビオティックの考えを基本に、すべて手づくりのパンを販売。材料もできるだけ自分たちでつくるようにして、どんなお客様にも食べていただけるように心がけている。卵や砂糖、乳製品を使わないレモンパンやクリームパンなど、お客様とのコミュニケーションからたくさんの新商品が生まれてきた。子どもたちの笑顔をみるのがうれしくて、毎日がんばっています！

●ライフスタイルにおいて、
　いちばん大切にしていることは？

温故知新を旨とした生活。

●座右の銘、影響を受けた人、
　本などは？

「生涯現役」を目指しています。誰が言ったのかは覚えていないけれど、子どものころよく耳にしていた「箸とらば、雨、土、御世の御恵み、先祖や親の恩を味わえ」という言葉はいつも心にとめている。本物を追求する心を、食養家の故・大森英桜氏に学んだ。

●人生のテーマ、
　夢を教えてください。

最終目標は本物の農家になること。そしていつか、農を通じて自然の生活の場、農業の勉強、自然を愛する人びとの憩いの場を提供できないだろうかと考えている。

●後進へのアドバイスを
　お願いします。

とにかく何でもやってみる。それが好きなら続けてみる。私の場合は、農作業が楽しくて、未知の分野だったパン焼きもいいものができるとうれしくて、夢中になっていた。そのあとは家族の協力が必要。夫婦でやれば3倍楽しくなるし、つれあいに理解してもらうことはとても大切。

半農半Xのこころ
A to Z
26のキーワード

I　【Inspire】琴線に触れたこと。魂が震えたこと。インスパイアされたことは、きっと自分自身のエックスへのメッセージ。エックスの大きなヒント。

File.06 ◆半農半プロスノーボーダー

作物をほめられると、本当にうれしいのなんのって

- ◆名前（生まれ）：南雲利仁（1975年、新潟県生まれ）
- ◆X（職業・肩書き）：プロスノーボーダー・ロッジ『マリ』経営
- ◆住んでいる地域：新潟県南魚沼郡湯沢町（実家に戻ったのは2003年〜）
- ◆家の形態：戸建て
- ◆農地の規模：田んぼ1町1反（1.1ha）、畑1反5畝（15a）
- ◆家族構成：本人、母親、祖母
- ◆農法のこだわり：先祖から受け継いだ技法を変えずに行うこと。体に優しい作物の生産。
- ◆栽培している農作物：おもに魚沼コシヒカリ
  （元祖在来魚沼コシヒカリ）
  最近では約90％が品種改良されたコシヒカリですが、わが家では在来魚沼コシヒカリを生産しております。ほぼ市場には出回らない幻米です!!
  まろやかな深みのあるうま味と香りが特徴です。
  野菜はトマト4種（アイコ・レッドーオーレ・桃太郎・イエローミニ）、きゅうり、とうもろこし、なす、レタス、二十日大根、大根など。
  果物はブルーベリー3種、ラズベリー、プラム、ブドウ3種、いちご2種、柿3種、いちじく。
  山菜はこごみ、ウド、たらの芽、ぜんまい、あぶらこごみなど。
- ◆自給率：ほぼ8割。
- ◆1カ月の生活費：2万円前後。
- ◆HP：http://www.cpfe.net/toshihitonagumo/
- ◆ブログ：http://blog.livedoor.jp/toshimarly/?blog_id=1006367
- ◆MIXI：トッシュピカリ

●半農半Xを始めたきっかけは？

実家の父親がお米つくり・野菜の職人で、その姿を見て、幼少時代に「かっこいい」とただ単純に思いました。その後スノーボードを通じて海外と日本を9年間ほど行き来し、海外の農業や作物に出会って衝撃を受けました。日本の作物は本物ではない!! 見た目や形にとらわれすぎている。やたらと品種改良されているが、何でも甘いものがよいものではない。そう思い、「本物の作物の美味しさを伝えなければ」と使命感にかられて、日本に戻りました。
そんな矢先に、父親が他界。その後本気で農業と向き合い、安全で美味しい自然からの贈り物を大切に育て始めました。食べてくれた人の「美味い」と言

半農半Xのこころ A to Z 26のキーワード **J**

【Japan】エックスのフィールドは、日本でなくてもいい。でも、日本であってほしいとも思う。

う一言を聞きたいから、つくります。ロッジの経営も農業と平行してやるようになり、春は山菜のガイド、田植えの体験ツアー、秋は稲刈り体験ツアー、自然薯掘り、きのこ狩りのガイドなど。冬はスノーボードのレッスン、イベントの企画・運営、スノーボードの撮影などの活動をしながら、ロッジの集客に当てるようになりました。

●あなたにとって、農とX、
　この２つが必要な理由は？

スノーボードは、山をすべるわけで、雪という恵みをいかして行います。農は、天と地の恵み。だから、どちらも自然と向き合うことになるのです。自然と向き合うことは、人間の生きていくための基本になる部分（源点）。どちらも欠かすことのできないものです。

●いま住んでいる場所を選んだワケ、
　その地域・集落に惹かれた理由は？

世界を旅し、色々な世界遺産を見たけれど、日本の四季が感じられる土地は新潟・湯沢町だと確信したからです。

●地域の人との交流は？
　関わりのなかで
　気をつけていることは？

採れた作物の交換をして、ほめあうこともあります。実際に作物についてほめられると、本当にうれしいのなんのって、心から喜びがあふれ出ます。

●半農半Xの生活のなかでおきた
　最大のピンチ・苦労は？

主にしている元祖在来魚沼コシヒカリが冷夏で生育が悪く、また秋の台風で稲が倒伏したときは５カ月間の苦労が水の泡になってしまい、本当に泣きました。また機械を使用して刈り込みができない箇所に関しては手で稲を起こし、手刈りを行いましたが、とても重労働でした。

●Xに対してのこだわり、
　Xを追求していくなかでの
　喜びや感動、楽しさ、おもしろさ、
　むずかしさは？

冬場は、スノーボードツアー企画や音楽イベント企画などを行い、地域活性化につとめています。スノーボードの本来の楽しみ方は大自然の山のなかを滑ること、誰も行かない山に登り新雪を滑ること。自然と共存し、楽しめる企画で、自然の大切さを感じてもらいたいと思っています。自然が悲鳴をあげているのを伝えることは、むずかしいですが……。

●ライフスタイルにおいて、
　いちばん大切にしていることは？

農業において、体の健康管理はいちばん重要ですから、自然に感謝し、３食欠かさず、自家栽培の体に優しい野菜を食べること。

●農やXを通じてこれから
　チャレンジしていきたいことは？

いま取り組んでいるのが自宅周辺を４種類のエリアに区切り、四季を通じていつでも何かしら作物が採れるようにすること。４月〜７月（山菜エリア）６月〜１１月（果実エリア、野菜エリア）、５月〜１０月中旬（お米エリア）と環境を整えています。

●人生のテーマ、
　夢を教えてください。

自然を汚さずに、人間にも優しい食生活ができるようにすること。そして、完全自給自足の生活ができる環境をつくること。いずれは日本を代表する元祖在来魚沼コシヒカリを、世界に広めていきたいですね!!

●後進へのアドバイスを
　お願いします。

自然と向き合い、自然の語りかけていることに耳を傾けてみてください。自然はいつまでもあるものではないですよ!!

File.07 ◆半農半スロービジネス

いのち、暮らし、人生を
とことん楽しむ

◆名前（生まれ）：後藤彰（1977年、東京都生まれ）
◆X（職業、肩書き）：職業はAkila Gotoh
（生き方そのものが仕事にもなることを目指しているので、このように表現したい）。
具体的には、「(株)ウインドファーム」と「中間法人スロービジネスカンパニー」の
企画・営業・運営。「ゆっくり村計画」チーフを務める。
◆住んでいる地域：福岡県田川郡赤村（2006年～）
◆家の形態：戸建て
◆農地の規模：1反半（15a）くらい
◆農法のこだわり：不耕起、無施肥、無農薬。
可能な範囲で種採りできる在来・固定種の利用。
野菜や米が気持ちよく育ってくれる田畑の整備が自分の農的営み。
◆栽培している作物：米（イセヒカリ、赤米）、きゅうり、なす、オクラ、
ゴーヤ、ルッコラ、白菜、高菜、大根、かぶ、大豆など約30種類。
◆自給率：田畑は2年目で、55～65％ぐらい。
◆1カ月の生活費：3～5万あれば足りる
◆ゆっくり村ブログ http://www.yukkurimura.com/blog/

●半農半Xを始めたきっかけは？
前職は農文協（社団法人 農山漁村文化協会）での、情報収集および書籍の営業の仕事。日本の農山村200カ所以上を見てまわるなかで、食、文化、時間の流れ方、自然をひっくるめて、「豊かさの源泉は農村にあり」と実感。「自分でその豊かさを味わいながら農山村で暮らしたい」と思った。そこにタイミングと縁で、「『ゆっくり村計画』を一緒にやらないか」との誘いをもらった。

●あなたにとって、農とX、この2つが必要な理由は？
どちらか一方だけでは、自分は閉塞していくと思う。農とエックス（スロービジネス）の両方が補い合いながら、自分の生き方をつくっている。それを可能にしてくれる環境と、応援してくれる仲間の存在に感謝！

●いま住んでいる場所を選んだワケ、その地域・集落に惹かれた理由は？
赤村は、スタッフを務めるウインドファームともともとつながりがあった場所。いま住んでいる後山集落とは、赤村に来てから自分で独自につくった関係性のなかからつながった。後山は、環境も近所の人もやさしくて、居心地がとてもよい。

●地域の人との交流は？関わりのなかで気をつけていることは？
道路愛護（草刈り）、集落（隣組）の神事、村の祭など、基本的な出事には都合をつけて参加すること。村の直売所の加工部が多忙なときには、朝4時から

半農半Xのこころ
A to Z
26のキーワード

K 【Keyword make】時代の扉を開くには、インスパイアしてくれるキーワードが必要。みんなの大事なキーワードを持ち寄れば、そこから何かが生まれる。

「加勢に来てん！」と頼まれることもあり、おかげでおばちゃんたちとは仲よしだ。「お互い様」という気持ち、参加すること自体を楽しむことを心がけている。

●Xに対してのこだわり、
　Xを追求していくなかでの
　喜びや感動、楽しさ、おもしろさ、
　むずかしさは？

スロービジネスやフェアトレードをいかに広めていくかを考え、イベント企画、ブース出店、営業、組織の仕組みづくりなどを実践している。エックスの仕事があることで、村の外とのネットワークや広い視野をもつことができ、村での暮らしも活性化。やればやるほど社会や文化、自然がもっと素敵になるという感覚が気に入っている。

◆ライフスタイルにおいて、
　いちばん大切にしていることは？

ライフの快楽（pleasure of life）ということ。「ライフ」には「いのち、暮らし、人生」という意味が込められている。それらをまるごと味わい、楽しむということ。これは自分1人では実現できないもので、人とのつながり、文化のあり方、自然などが支えてくれている。

●座右の銘、影響を受けた人、
　本などは？

「You must be the change, you want to see in the world（望む変化にあなた自身がなること）」（by マハトマ・ガンジー）
「私の仕事は生きること」（by デジャーデン・ゆかり）
＊デジャーデン・ゆかりさんは、
オーストラリア在住の
パーマカルチャリストで
マクロビオティック研究家。

●人生のテーマ、
　夢を教えてください。

いのちそのもの、暮らしそのもの、人生そのものをとことん楽しむこと。ライフの快楽。それを可能にする農山村での半農半スロービジネスのモデルになること。そして、半農半スロービジネスが地域に根ざした形で生成する仕組み＝ゆっくり村計画を、仲間とつくっていく！

●農やXを通じてこれから
　チャレンジしていきたいことは？

農村における若者の半農半Xのモデルになりたい。半農半Xを実践したい人が、赤村・ゆっくり村に飛び込んでこれる環境と仕組みの整備をしたい。生活文化まるごと博物館を、地元学ベースで展開したい。

●後進へのアドバイスを
　お願いします。

愚痴ではなくヴィジョンや夢を語り合えて、支え合える仲間をつくること。そのためにオープンマインドでいること。農山村に入る場合、「自分が正しい」という考え方はひとまず置き、地縁、血縁ベースのムラ論理をひとまず受け入れること。じっくり、焦らず、ていねいに人や文化、自然と向き合うこと。ライフの快楽を味わうこと。そのことに感謝すること。
Be the change！

File.08 ◆半農半炭アクセサリー作家

炭焼きや農業の楽しさ、
重要性を発信したい

◆名前(生まれ)：桐山三智子(1979年、神奈川県生まれ)
◆X(職業・肩書き)：炭アクセサリー作家・weddingプランナー・企画
◆住んでいる地域：群馬県利根郡片品村(2003年〜)
◆家の形態：戸建て（プレハブ小屋）
◆農地の規模：2反（20a）、休耕田をスコップで耕して開墾した自然農実験畑
◆家族構成：1人　07年は3人仲間で畑をやっています。
◆農法のこだわり：無農薬有機栽培（1反）
◆栽培している作物：50種類　大豆、とうもろこし、トマト、小松菜・レタスなど。
◆自給率：米をつくっていないので60％。
◆1カ月の生活費：5万円
◆片品生活塾ブログ http://goodmatherproject.blog59.fc2.com/

●半農半Xを始めたきっかけは？
94ページを参照。

●あなたにとって、農とX、
この２つが必要な理由は？
片品村の場合、雪があるのでどうしてもみんな半農半Xになる。私は農業をするなかで、山が荒れているのを知り、炭焼きにたどりついた（昔の百姓は、夏は農業、冬は炭焼きだったから、山が間伐されていた）。冬は炭焼きのお手伝いをしている。炭焼きや農業の楽しさ、重要性を知ってもらいたいし、この生活からオシャレでかっこいいアクセサリーを発信したいから、炭アクセサリーをつくる。それを発信することで、結局は野菜を買ってくれるお客様も増えた。

●いま住んでいる場所を選んだワケ、
その地域・集落に惹かれた理由は？
村がつくられすぎていないところ。最大の魅力は「人」。女性1人で突然入り、見合い話が多かったけど、みんな心配して受け入れてくれた。

●地域の人との交流は？
関わりのなかで
気をつけていることは？
最初は交流をはかるため、さまざまなイベントに関わったが、その分トラブルも多かった。でも、真剣に取り組んでいたら、評価もついてきて、いまは村のイベントに関わるよりも、自分でイベントを企画し、混ぜ込んでいる。都会から来る多くの若者とも交流できるため、お年寄りたちは元気になっているみたい。

●農を通じて得た
一番の感動体験は？
本物の味を知ったこと。農家の人たちが当たり前にしている「生活」が現在一番おろそかになっている。いまその人間らしい「生き、活かされる生活」が重要だと感じ、片品村で勉強中。

●Xに対してのこだわり、
Xを追求していくなかでの
喜びや感動、楽しさ、おもしろさ、
むずかしさは？
たまたま出会った炭焼きのおじいちゃん(83才)が、林野庁から「森の名手・名人」（森に関わる生業において、すぐれた技をもってその業を究め、他の技術・技能者、生活者たちの模範となっている達人のことをいいます）にも選ばれるような人で、炭焼きの大切さなどを教えてもらっている。師匠は炭を燃料としかみていないので、アクセサリーなんて信じられないみたい。炭アクセサリーは「エコ」に関係のない立場の人から人気があり、炭や「エコ」

半農半Xのこころ
A to Z
26のキーワード

L 【Love and Peace】森羅万象へのLove and peace。過去へのLove and peace。未来へのLove and peace。すべてつながっているんだ。

生活を知るきっかけになるみたい。

●**ライフスタイルにおいて、
　いちばん大切にしていることは？**
生活をきちんとする。村のお年寄りの知恵を学び、暮らしに活かす。ものを買う前に工夫する。村の人がしてくれたように、縁あって出会った人を大切にする。

●**座右の銘、影響を受けた人、
　本などは？**
マザー・テレサ。「貧困の飢えは救うことができるが、都会の心の飢えは救うことがむずかしい」と言っていたそうです。だからここは、心の飢えた都会の人たちがいつまでも気軽に来れる場所にしていきたい。お金がなくても、人間らしい生活を体験できる場所です。

●**農やXを通じてこれから
　チャレンジしていきたいことは？**
休耕田の開墾。荒れた田をスコップで開墾し、畑にしています。虫もつかない立派な野菜ができます。

●**人生のテーマ、
　夢を教えてください。**
農やアクセサリーを通して、若者（とくに女性）が「katakatahouse」（わが家）にやって来ます。村の素敵なお母さん、おばあちゃんの暮らしや私たちの暮らしに触れたその若者たちが、日々の暮らしで何かいかせるきっかけになったら、そしてお母さんになったときに思い出されるようになったらと考えています。
何より、自分が楽しく素敵なお母さんになること。自分の生き方で村の人に恩返しがしたいと思います。

●**後進へのアドバイスを
　お願いします。**
食、農、環境、いじめ、さまざまな問題をかかえた現代のなかで、いちばん大切なのは「家族」だと思います。その家族を陰で支える「お母さん」!!　これからは賢く意識の高い「お母さん」を増やしていくことで、日本は変わる。katakataに来る女の子たちが、そんな家庭をつくってくれたら、うれしい。
一生に一度の人生。何に重きをおくのか。お金のために時間を切り売りし、生活が乱れ、ストレスを抱え…4年前の24歳の私には背負うものがなにもなく、絶対、自分の気づいたことは正しい！という信念のみで飛び込んだ。いまはストレス0（ゼロ）。毎日楽しく百笑。気づけば、仲間もみんな気持ちのよい人ばかりが集まっている。自分の環境を変えることは、とても勇気が必要ですが、まず一歩、よかったら片品村へ。

File.09 ◆半農半Tシャツデザイナー

お米に対して、敬意と感謝を
Tシャツで表わしたい

◆名前(生まれ)：小畑麻夫(1965年、大阪府生まれ)
◆X(職業・肩書き)：オリジナルTシャツ「亀吉」の
　代表兼デザイナー
　道の駅「あずの里いちはら」農産物直売所責任者
◆住んでいる地域：千葉県いすみ市(2003年〜)
◆家の形態：戸建
◆農地の規模：田んぼ6畝(6a)、畑4畝(4a)
◆家族構成：本人、妻
◆農法のこだわり：有機無農薬
◆栽培している作物：米、麦、大豆、
　トマト、なす、きゅうりなど、
　畑では少量多品種で年間約30種類の
　野菜をつくっています。
◆自給率：約70%。
◆HP：www.kamekiti-t.com/

●半農半Xを始めたきっかけは？
都会での消費生活のなかで、少しでも自分たちの食べ物をつくってみたいと思うようになり、田舎暮らしを決めた。機械を使わず昔ながらの方法で米づくりをしてみて、想像を超える手間と労力がかかっていたことを知る。いままで何気なく口にしていたお米に対して、敬意と感謝を表したいと考え、前職(アパレル業界)の経験を活かして米のTシャツをつくり、販売することにした。

●あなたにとって、農とX、
　この2つが必要な理由は？
農は「自給」という部分でまだまだ勉強中なので、切り離せない。
Xの部分のTシャツは、さまざまな人とのつながりを生みだしてくれるので、いまとなってはとても必要なものになっている。

●地域の人との交流は？
　関わりのなかで
　気をつけていることは？
Tシャツの販売に協力してもらったり、レストランのユニフォームや消防団のTシャツを作成したりと、Tシャツを介して交流の場が広がっている。

●Xに対してのこだわり、
　Xを追求していくなかでの
　喜びや感動、楽しさ、おもしろさ、
　難しさは？
「米」「農」「自然」などに対する経験や思いをデザインに取り入れ、Tシャツなどで表現していきたい。購入してくれた方がTシャツに書かれたメッセージ「No Rice, No Life」に「私も！」と共感していただけることが、何よりの喜び。

●ライフスタイルにおいて、
　いちばん大切にしていることは？
農の部分では、なるべく機械や化石燃料にたよらないようにしようと思っている。

●人生のテーマ、
　夢を教えてください。
Tシャツを介して、国内外のお米にかかわる人たちと一緒に「お米サミット」みたいなものを開催できればと思っている。

●後進へのアドバイスを
　お願いします。
農作業に関しては、とにかく体力のあるうちに、体で覚えるのが一番。あとは、楽しむこと。

半農半アーティスト◆**File.10**

そのとき、その場で自然といかに折り合いをつけるか

◆名前：真砂秀朗（まさごひであき）
◆X（職業、肩書き）：アーティスト、ミュージシャン
◆住んでいる地域：神奈川県三浦郡葉山町（1980年〜）
◆農地の規模：4反（40a）（たんすい）
◆農法のこだわり：冬期湛水不耕起農
◆栽培している作物：緑米（古代米のひとつ。薄い緑色をしたもち米）、黒米、ササニシキ
◆自給率：米10カ月分くらい。
◆HP：http://www.awa-muse.com/

●**半農半Xを始めたきっかけは？**
1988年の「いのちのまつり」（88年8月、八ヶ岳の麓で開催。「NO NUK-ES ONE LOVE」をキーワードにライフスタイルを見直すギャザリングが10日間行われた）への参加や、藤本敏夫氏の講演を聴いたことなど。さかのぼると、20代のころに、おもにアメリカから発せられたカルチャームーブメントの影響が大きい。

●**あなたにとって、農とX、この2つが必要な理由は？**
地の気（身体、明るさ、自然、季節など）と天の気（クリエーション、インテリジェンスなど）、どちらも必要。

●**いま住んでいる場所を選んだワケ、その地域・集落に惹かれた理由は？**
海と山、田舎（原始）と文化、日常とリゾートのコントラストがあったから。

●**地域の人との交流は？ 関わりのなかで気をつけていることは？**
ビーチハウスや芸術祭などを立ち上げ、20年ほど活動してきた。いまでは地域文化として葉山に根づいている。

●**農を通じて得たいちばんの感動体験は？**
自然と人との折り合いの感覚。地の気が、いつの間にか自身のなかに満ちているのを体感している。

●**Xに対してのこだわり、Xを追求していくなかでの喜びや感動、楽しさ、おもしろさ、むずかしさは？**
集団無意識（世の中）とのつながりと、そこにクリエーションをリリースすること。

●**ライフスタイルにおいて、いちばん大切にしていることは？**
ライフスタイルは、自分でつくっていくもの。自分のやりたいことやビジョンを現実化していったものが、ひとつのライフスタイルになる。自分で選んでいったものが、その人の生き方になる。自分としては、自然の意識とつながっていたい。

●**座右の銘、影響を受けた人、本などは？**
in the spirit

●**人生のテーマ、夢を教えてください。**
「全農全X」というか、里山的環境のなかで、動植物とともにある、人的クリエーションに満ちた生活。

●**後進へのアドバイスをお願いします。**
自然には結論や完全な予測はないので、そのとき、その場での自然といかに折り合いをつけるかが大切だと思います。

半農半Xのこころ A to Z 26のキーワード **M** 【Message】ぼくたちはすでに、発信すべきことをいっぱいもっている。勇気をもって、発信すべき時代。いまは死蔵すべき時代ではない。

File.11　◆半農半リサイクル自転車店主

自転車のエンジンが人体で、人のガソリンが食

◆名前（生まれ）：遠山健（1964年、東京都生まれ）
◆X（職業、肩書き）：物書き、自転車店経営、大学での公務員講座の非常勤講師
◆住んでいる地域：東京都杉並区（2004年〜）
◆家の形態：集合住宅
◆農地の規模：0.5反（5a）
◆家族構成：1人
◆農法のこだわり：無農薬
◆栽培している作物：米、大豆、ごま、トマト、なす、きゅうり、オクラ、いんげん、ゴーヤ、小松菜、ルッコラ、にら、しそ、二十日大根など計15種類
◆自給率：30〜40％かな。
◆1カ月の生活費：家賃6万＋α
◆HP：高級？中古自転車店　狸サイクル
　　http://tanukicycle.blog75.fc2.com/

●半農半Xを始めたきっかけは？
偶然の出会いから、新潟県川口町で農地を借りることができ、通いで米づくりを始めました。ごまも川口町で知った。米の次に大切だと考えた大豆づくりを『トージバ』（102ページを参照）の管理する畑で行うなかで、半農半Xという生き方を自覚し、実行へ。

●あなたにとって、農とX、この2つが必要な理由は？
自転車のエンジンが人体で、人のガソリンが食。両者のつながりは深い。

●いま住んでいる場所を選んだワケ、その地域・集落に惹かれた理由は？
川口町に通うのは、お世話になっている農家さんにひたすれ惚れたから。

●半農半Xの生活のなかでおきた最大のピンチ・苦労は？
天候。これだけはどうにもならない。

●農を通じて得たいちばんの感動体験は
秋の新米。はざがけ（刈り取った稲を竹などにかける）をした、稲の束を下から見上げるときの達成感。これにつきる。

●Xに対してのこだわり、Xを追求していくなかでの喜びや感動、楽しさ、おもしろさ、むずかしさは？
自転車はとても「見た目が重要である」と同時に、「いのちをあずける乗りもの」であることを忘れずにいること。お客さんとの、商売を超えたつきあいができるときの喜びも大きい。

●座右の銘、影響を受けた人、本などは？
「人の話をどこまで聞けるか」の実践。本は、ウラジミール・ジャンケレヴィッチ『死とは何か』（青弓社、2003年）。

●後進へのアドバイスをお願いします。
グレたり、スネたり、ねたんだり、恥ずかしがったりしている時間はムダでしょう。目標に向かってサッサと歩いたほうがよい。愚直に進むことが大事だと思う。

半農半Xのこころ A to Z 26のキーワード

N 【Natural】農とエックス、ふたつはとっても自然なもの。だから、ときには風雨が必要なときもある。それでも何かが芽吹こうとする。

半農半木工家 ◆ **File.12**

農を生活の中心にするようになって、木工の材料が変わった

◆名前(生まれ)：瀬古昌幸（1974年、三重県生まれ）
◆X（職業、肩書き）：木工家・漆掻き職人
◆住んで切る地域　三重県 南牟婁郡御浜町（実家に戻ったのは2003年〜）
◆家の形態：戸建て
◆農地の規模：2町歩（2ha）
◆家族構成：本人、両親、弟
◆農法のこだわり：特別にありませんが、
　JA指導より農薬散布は半分くらい少なくして、
　肥料を直配合して土づくり（菜種油の搾りカス、魚の骨、
　廃油など混ぜる）をしています。
◆栽培している作物：柑橘類（みかん、甘夏）。
　野菜は親が、米は祖父母が中心になってつくっています。
◆自給率：60％くらい。

●半農半Xを始めたきっかけは？
農も木工も同じつくるものですが、ふたつやることで、片方だけでは見えなかったり感じなかったことがわかり、互いを補うことができます。たとえば農だけだったら生産一本やりで販売まで考えなかったのが、木工の経験から同じ流れとして考えられ、行動に移せました。いまのエックスはひとつだけですが、これからもっと増やしていきたいです。自分の木工作品を売ったり、友人たちの作品を売るショップをいつかできたら。

●いま住んでいる場所を選んだワケ、
　その地域・集落に惹かれた理由は？
生まれ育った地元だから。長い間地元を離れてみて、自分の田舎のよさや悪さが見えたので、そのよいところを活かしていけばと思いました。

●Xに対してのこだわり、
　Xを追求していくなかでの
　喜びや感動、楽しさ、おもしろさ、
　むずかしさは？
農を生活スタイルの中心に置いて考えるようになってから、自分で育てられる素材が合っていると思うようになり、木と漆にしました。漆は現在、地域の原木で苗づくりをしています。

●農やXを通じてこれから
　チャレンジしていきたいことは？
農も木工も漆も、大切な日本文化。これを守り育てていく活動をしていきたいです。とくに漆は、続けていく人が絶えないよう、交流を大事にし、連携していくように努力するつもりです。

●後進へのアドバイスを
　お願いします。
丈夫な体が基本です。心と体を大切に。

File.13 ◆半農半まちづくりコンサルタント

自然とつながる時間、
自分を取り戻す時間

- ◆名前（生まれ）：岡田敏克（1969年、愛知県生まれ）
- ◆X（職業、肩書）：まちづくりコンサルタント・マクロビオティックのセミナー企画など
- ◆住んでいる地域：愛知県名古屋市（2004年〜）
- ◆家の形態：集合住宅
- ◆農地の規模：0.3反（3ａ）。自宅から車で1時間半ほど。豊田市新盛地区という山間部です。
- ◆家族構成：：本人、妻
- ◆農法のこだわり：川口由一さんの自然農をベースにしています。
- ◆栽培している作物：夏野菜全般、大豆、さつま芋など。
- ◆自給率：夏から秋にかけて食べる野菜の1/2程度。
- ◆HP：http://web.mac.com/toshi_ok/

●半農半Xを始めたきっかけは？
会社勤めをしていたときに、赤目自然農塾（97ページを参照）のことを知って参加したのがきっかけ。その後地元で土地を貸してくれる人と出会い、週末農業を始めました。

●あなたにとって、農とX、この２つが必要な理由は？
まちづくりコンサルタントとして、市民参加や協働まちづくりに関する調査研究、研修講師、ワークショップファシリテーターなどしています。同時に、マクロビオティックのセミナーや講座の企画運営も。これらは、自分自身がやりがいをもって関わることができ、なおかつ、ある程度の収入につながる活動として取り組んでいます。土と触れる時間は、自然とつながる時間、自分を取り戻す時間として必要です。

●半農半Xの生活のなかで起きた最大のピンチ・苦労は？
何度か猪などの獣害にあい、やる気が失せました。

●農を通じて得たいちばんの感動体験は？
梅雨時期に、小さなかえるが葉っぱの上で静かに瞑想しているのを見つけたとき。

●ライフスタイルにおいて、いちばん大切にしていることは？
無理をしないこと。

●座右の銘、影響を受けた人、本などは？
川口由一さんのあり方は、常に指針にしています。

●趣味、いま熱中していることは？
マクロビオティックをひとつの入り口として、自然、生命の理を探求しています。日々、生命ある食べ物を、感謝して、よく噛んで、美味しくいただくことを大切にしています。

半農半ファームレストランオーナー ◆ **File.14**

人生を、自分たちのペースで進めることができる

- ◆名前（生まれ）：服部政人（1960年、大阪府生まれ）
- ◆X（職業・肩書き）：鶴居村酪農ヘルパー利用組合事務局次長・ファームレストラン「ハートンツリー」オーナー
- ◆住んでいる地域：北海道阿寒郡鶴居村（1991年〜）
- ◆家の形態：戸建て
- ◆農地の規模：4町（4 ha）くらい
- ◆家族構成：本人、妻、長男（札幌）、長女（アメリカ）、次男
- ◆農法のこだわり：無農薬、つくり手の顔が見える流通
- ◆栽培している作物：じゃがいも、パセリ、セロリ、ハースニップ、ケールなど計10種類
- ◆自給率：10%（村の農家から直接購入が多い）
- ◆1カ月の生活費：40万円くらい
- ◆HP：ハートンツリーホームページ
  http://www13.plala.or.jp/heartntree/

●半農半Xを始めたきっかけは？

90年、大阪で幼い子どもたち（2人）を育てながら、通勤に3時間も費やす生活を続けていた。子どもたちや自分たちのために地に足のついた生活をしようと思い立ち、妻の故郷である北海道鶴居村への移住を決意。収入の確保のために酪農ヘルパーとなり、95年、丘の上に居をかまえた。消費者と生産者の交流の場として「ハートンツリー」をオープン

●あなたにとって、農とX、この2つが必要な理由は？

酪農が基幹産業である鶴居村にとって、農業は生活に密着しているもの。農業（酪農）を通じたコミュニケーションと、都会の人びとや消費者、外国人ボランティアなどと交流できる場としてのレストランを経営することで、人生を自分たちのペースで進めることができるから。

●いま住んでいる場所を選んだワケ、その地域・集落に惹かれた理由は？

いま住む丘の上は、釧路の夜景から阿寒連峰まで見渡せて素晴らしいほどの絶景！ 大好きです。鶴居村は、2600名ほどが住む小さな村。そして7000頭を超える牛たちや、天然記念物のタンチョウやエゾシカも暮らしている。住むっきゃないでしょう！

●半農半Xの生活のなかでおきた最大のピンチ・苦労は？

超忙しい。スケジュールはびっしりで、朝4時〜晩11時まで仕事といった生活はざらにある。子どものために移住したのに、話す時間すらとれない。そして反抗期へ突入……。反省してます。

●農やXを通じてこれからチャレンジしていきたいことは？

農と食と観光（農業、商業、地域）とのタイアップや、長期観光客（宿泊）の移住のステップとなる、酪農体験付ロングステイやコンドミニアム式1棟貸し宿泊施設など。

●後進へのアドバイスをお願いします。

少しつらいことを「つらい」と思うか、「おもしろい」と思うか。これは都会も田舎も同じこと。ゆっくりと自分らしく楽しみましょうよ。人生のキーワードは「おしゃべり」と「友だちの輪」と信じている。鶴居の丘の上にいるので、いつでも遊びに来てください。

半農半Xのこころ A to Z 26のキーワード **O** 【Open Source】オープンソースとは公開すること。世界の叡智が無償で参加するソフトウェア開発方法。農の世界も、独占せず、そうであってほしい。

File.15 ◆半農半カフェ＆ゲストハウスオーナー

ここで、みんなが
つながっていくのがうれしい

◆**名前**(生まれ)：北浦晋司（1968年、大阪府生まれ）
　　　　　　　　　瀧澤和美（1976年、東京都生まれ）
◆**X**（職業、肩書き）：縄文湧水cafe＆guesthouseオーナー（セルフリフォーム中）
◆**住んでいる地域**：北海道空知郡中富良野町（2006年〜）
◆**家の形態**：戸建て
◆**農地の規模**：畑2反（20a）
　約2反は休耕中で、果実の植え付けを予定しています。
◆**家族構成**：2人（本人、同居人）
◆**農法のこだわり**：手間暇かかるものはつくらず、その土地にあった物をつくる。
　堆肥は、鶏糞やバイオトイレのものを利用。
◆**栽培している作物**：畑でじゃがいも、黒大豆、小豆、にら、にんにく、小ねぎ、
　大葉、セロリ、木苺、ハスカップ、ひまわり、ミント、ハウスでトマト、
　ミニトマト、ナンバン、ピーマン、パセリ、空心菜、赤しそなど計20種類。
◆**自給率**：2割ぐらい。
◆**1カ月の生活費**：月によってまちまち…
◆**HP**：http://www.beberui.com

●**半農半Xを始めたきっかけは？**
まわりがすべて農家さんで、農作業を手伝って生計を立てていたので。

●**あなたにとって、農とX、この2つが必要な理由は？**
農＝食生活＋生活のカテ。X＝出会いと地域のつながり

●**いま住んでいる場所を選んだワケ、その地域・集落に惹かれた理由は？**
惹かれた（惹かれる）理由は、湧き水がある。この地には、800年前の縄文時代から人が住み、この湧水を飲んだ。

●**半農半Xの生活のなかでおきた最大のピンチ・苦労は？**
二人の不仲なとき（笑）。思いっきり喧嘩をしては話し合い、とことん自分の意見を言い合う。

●**Xに対してのこだわり、Xを追求していくなかでの喜びや感動、楽しさ、おもしろさ、むずかしさは？**
いままでバックパッカー、ツーリングなど、さまざまな旅のスタイルをしてきたので、それを活かしたゲストハウスにしたい。一人旅を応援します。
セルフリフォームを一緒にしてくれる仲間やウーファーがここで知り合い、その後もつながっていて、うれしいです。

●**座右の銘、影響を受けた人、本などは？**
自由気まま。

●**農やXを通じてこれからチャレンジしていきたいことは？**
大豆から豆腐・味噌づくり。石窯づくり（パン焼き）。北海道のよさを世界にPR。国際交流。

●**後進へのアドバイスをお願いします。**
ひとつの答えだけにあまりこだわらないこと。自ら進んで地域交流!! そして楽しむこと。

半農半Xのこころ
A to Z
26のキーワード

P 【Pure】ぼくたちはいろいろ積んできたけれど、もう手放してもいいころだ。手放すと、どんどん軽やかになっていく。透明になっていく。

半農半Xの新芽が出た！

半農半Xは、できるところから。
いまの場所で、無理せず、ゆっくり始めるのがおすすめ。
これから始めようという人は、半農半Xの芽を出したばかりという
3人のやり方を、ぜひ参考にしてみてください。

自宅の庭に3坪農園！
日本の自給率アップをめざせ

半農半ソーシャルベンチャー　関根健次さん

3坪畑で元気いっぱいに育つ野菜を収穫する関根さん。

　ソーシャルベンチャー「ユナイテッドピープル」の代表を務める関根さん。若いころに中東を旅したときの経験から、環境問題や戦争、貧困の解決、地雷除去などの活動をするNGOを支える募金サイト「イーココロ！」を立ち上げた。いままでは仕事のかたわらプランター菜園をしていたが、2007年から「1坪農園」と名づけて庭に進出。有機栽培による野菜づくりをスタートさせた。そこから少しずつ広げ、3坪（約10㎡）ほどの畑に。玄関先など、スペースがあれば野菜を育てるなど、現在も拡大中だ。

　「日本の食料自給率の低さを解決させたい」という気持ちを、自ら家庭菜園をすることで、多くの人に伝えたいと思ったのがきっかけだ。

　農作業は出勤前や週末が中心。きゅうりやオクラは残念ながらうまく生育しなかったそうだが、トマトやなすなどは3坪でも家族が食べるのに余るほど収穫でき、「日本中に広まれば、自給率問題の解決もできる！」という実感もわいたそう。

　「イーココロ！で野菜を販売したり、化学肥料や農薬を使わなくてもできる自給的な農業の技術をNGOとともに世界の国々にも伝える活動をしていけたら」という関根さん。3坪の畑は、自分の好きな仕事を充実させる上でも、不可欠なものになりつつあるようだ。

関根健次（せきね　けんじ）
ソーシャルベンチャー企業ユナイテッドピープル株式会社代表取締役。
1976年、神奈川県生まれ。神奈川県横浜市港北区在住。
http://www.unitedpeople.jp/　（ユナイテッドピープル）
http://www.ekokoro.jp/　（イーココロ）

半農半Xの新芽が出た！

ベランダで、トマトにオクラ、レタスにアーティチョーク

半農半さいせい手作り小物店店主　加藤志帆

「畑にいるときの、時間がすこんと抜ける感じが好き。それと、土に触れる感触とか、草の匂いがなんともいえない」

横須賀市に住む加藤志帆さんは、2004年から野菜づくりを始めた。家族のもつ畑のなかの一坪を使って、キクイモや生姜などをつくっている。しかし、ネックになっているのが片道約1時間の移動距離。遠くてなかなか足が運べない。そこで始めたのがベランダ菜園だった。ちょっとしたスペースを利用して、トマト、オクラ、アーティチョーク＊、レタスなどを育てている。

小さいころから物が捨てられず、おばあちゃんにも「貧乏性」と言われていた志帆さんのエックスは、着なくなった服などを小物に生まれ変わらせる、さいせい手作り小物店。そのほか気功を教えたり、歌を唄ったりと、大好きなことを自然体で楽しむ暮らしを満喫している。そんな志帆さんの理想のライフスタイルは、「裏庭の畑にかごを持って取りにいく生活」なのだとか。自分で育てた野菜の味は、格別なのだそうだ。

手づくりの小物が並ぶ店内。飾り棚にも廃材を利用。

舞台に立つ志帆さん。手づくり衣装が歌を引き立てる。

ベランダも立派な家庭菜園。花を眺めるのもまた楽し。

＊地中海原産。和名チョウセンアザミ。花が咲く前の蕾（ガクと花芯）をレモン汁と塩と一緒に入れてゆで、アク抜きしてからソースやバターをつけて食べる。

加藤志帆（かとう　しほ）「さいせい工房・うづ芽」店主。
1973年、神奈川県生まれ。03年、神奈川県横須賀市にさいせい工房・うづ芽をオープン。07年、「一流千流　一粒万倍」を作詩作曲。「種まき大作戦」（104ページを参照）テーマソングとしてイベントのステージなどで唄っている。

農のなかで
お百姓さんの身体づくり

半農半整体師　吉田よしおさん

フリーキッズヴィレッジでの援農。みんなでいい汗！

　10年近くよさこい踊りの祭を行うなかで整体を学び、農作業と日本の「祭」との深い関わりを考えるようになったという整体師の吉田よしおさん。現在、全国で「お百姓さんの身体をつくろうワークショップ」を行いながら、踊りのメンバーとともに三鷹市にある吉田農園（104ページを参照）や長野県高遠町にあるフリーキッズヴィレッジ（40ページを参照）、千葉の鴨川自然王国（99ページを参照）などに出向き、援農をしている。

　「長時間の農作業では、負担をかけない身体の使い方が大切です。そのために必要なのが合気道やヨガなどで使われるインナーマッスル。その筋肉はイメージや聴覚や臭覚などの五感とつながっています。昔の人たちは、それらを農作業にもうまく活用していました。ワークショップではストレッチやマッサージなどを取り入れ、肩凝りや腰痛になりにくい身体づくりや、このようなイメージと感覚を使えるような身体づくりをお手伝いしています」

　昔は「鍬と対話する」「森の声を聞く」というような言葉を使い、農業歌を歌いながら作業をしていたという。昔の人びとがもっていた自然を感じる力を現代人の身体に取り戻せる場所、歌いながら田植えをして、吹いてくる風に至福の気持ちよさを体感できるような場所。そんな祭や歌や祈りが農とつながる場所をつくっていくのが吉田さんの目標だ。

昔の人と現代人の身体の使い方を説明する吉田さん。

吉田よしお（よしだ　よしお）
Shaking sprits代表。show me presents MEDIA98副代表。1977年、愛知県生まれ。東京都杉並区方南町在住。
全国で「お百姓さんの身体をつくろうワークショップ」を開催しながら、身体の使い方を指導。伊豆の森林にて、森林ボランティアを通じて身体性を高める活動も。
http://www.shakingspirits.com/　（森林、お百姓さん身体WS）
http://www.comeon-showme.com/spmedia.html　（よさこいチーム）
http://www.samurai-massage.com　（大仏整体工房あじーる）
http://blogs.yahoo.co.jp/helloyossy2000　（本人ブログ）

Message

懐かしい農的未来へ逆行せよ！

文化人類学者・環境運動家　辻信一

「なにをいまさらと言われようが、そんなことがあっていいのか」

このつぶやきが、ぼくの心を離れない。それは、『ぼくの家は、むささびが棲んでいた』（編集グループ〈SURE〉、2007年）の著者、大牧冨士夫さんのものだ。半世紀前からのダム建設計画が、電力、利水、治水とその目的を変えながら、雪だるまのようにその周囲に利権をふくらませて「前進」し、ついに2006年、岐阜県の揖斐川源流の徳山谷を水底に沈め、日本最大のダムとしての巨体を現した。

一度走り出すと、走り続けること自体が目的となる。それが「前進」の恐ろしさだ。「しかし、……」という戸惑いや違和感から出るつぶやきは、「なにをいまさら」という脅迫じみた声によってかき消される。

07年夏の参議院議員選挙を前に、「前進か逆行か」と日本の首相が国民に迫った。もちろん、二者択一そのものを拒むことはできる。その二つの他にもたくさんの選択肢があるだろうし、いやそもそも、「前進」の中身こそが問題なのだ、という反論もできる。

でも、ぼくはあえて、同じ土俵に乗った上で、「逆行」をとりたいと思った。そしてこう言ってやるのだ。「前進」などという強迫観念に背を向けて、豊かな森と海と川に抱かれた過去へと遡行しよう。

懐古趣味だとか、過去を美化しているとか、非難されても、かまわない。人びとと多様な生きものたちからなるコミュニティを取り戻そう。農的な暮らしが当たり前にある未来への道を「逆行」と呼ぶのなら、いいじゃないか、逆行することにしよう、と。

大牧さんが生まれ育った徳山谷の村々での人びとの暮らしの形は、強靭な持続力をもって何百年と続いていた。それを見事に映像化してみせてくれたのが、映画『水になった村』（監督・撮影　大西暢夫、企画・制作　本橋成一／配給　サスナフィルム、HP http://web.mac.com/polepoletimes/）だ。移住を余儀なくされた後も、湛水の始まるぎりぎり

02

まで、一群の老人たちが徳山谷での昔ながらの生活にこだわり続ける。
　同じ揖斐郡出身の大西監督は、その愉しげで、安らかで、美味しそうな暮らしぶりに参加しながら、それを15年かけて克明に記録した。彼は言う。
　「ジジババたちと、よく食べ、よく笑った。ここは僕の宝物だった」
　かつて山奥の村々での暮らしに満ち満ちていたはずの、こうした原初的な豊かさ。脇目もふらずに「前進」するぼくたちの社会は、平然と切り捨ててきたのだ。
　ダムの試験湛水を直前に控えた06年の夏、大牧さんはこんな感慨を抱いた。
　「61年前だって、帰らないはずで戦争に行ったが、帰ってきたら村があって、……そこで回生することができた。だがその村が消えるという」
　「前進」という破滅への道の果てに、ぼくたちの回生はないだろう。引き返すのは今のうちだ。

辻信一（つじ　しんいち）
1952年生まれ。文化人類学者、環境運動家。明治学院大学国際学部教授。「100万人のキャンドルナイト」呼びかけ人代表。NGO『ナマケモノ倶楽部』の世話人。「スロー」や「GNH」というコンセプトを軸に環境文化運動を進める。(有)スロー、(有)カフェスロー、スローウォーターカフェ(有)、(有)ゆっくり堂などのビジネスにも取り組む。著書に『スロー・イズ・ビューティフル』（平凡社、04年）、『「ゆっくり」でいいんだよ』（筑摩書房、06年）、訳書に『きみは地球だ』（大月書店、07年）など、監修に『ハチドリのひとしずく』（光文社、05年）がある。
辻信一さんのHP　http://www.sloth.gr.jp/tsuji/index.html

Three-man
大好きな仕事と土のある暮らしに幸せがある

半農半Xの提唱者、塩見直紀さんと、
歌手の加藤登紀子さん（故・藤本敏夫氏の妻）、
そして加藤さんの次女であり、半農半歌手のYaeさんが、
藤本氏が創設した鴨川自然王国の桜の下で会いました。
あるときは熱気に満ち、あるときは笑いにあふれ、
またあるときは、目がうるうるしてしまう……。
半農半Xの東のメッカ鴨川と西のメッカ綾部の実践者たちの話も、
たっぷり登場します。

藤本さんがされたことを引き継ぎ、できることをしていきます

塩見：加藤さん、Yaeさん、はじめまして。今日はぼくの憧れの藤本敏夫さんが建国された多目的体験農場の「鴨川自然王国」（99ページを参照）におじゃまできて、とても感激しています。

加藤：塩見さん、ようこそ。お会いするのを楽しみにしていたんですよ。というのは、塩見さんのこと、以前から知ってましたからね。
　2002年8月1日に発行された「増刊現代農業」（農文協）の『青年帰農』に、藤本の最後のインタビュー記事が載ったんですね。他界したのは7月31日でしたので、まあなんというか、まさに遺言のような形になったんですけれど、このなかに塩見さんの「半農半X」というコンセプトが、すでに紹介されていたんですよね。それから、塩見さんのことは、半農半Xのスターだって、ずっと思っておりました（笑）。ご著書の『半農半Xという生き方』（ソニー・マガジンズ、2003年）も、前から読ませていただいていまして、ホントに役に立つ本だな、新しいライフスタイルの基本となる必要事項が全部書いてあるなっていうふうに思っていました。

塩見：ありがとうございます。私にとってはこれがデビュー作なんです。不思議なご縁だと思うんですが、あの「増刊現代農業」の私が書いた原稿の前に、藤本さんのインタビュー記事がありまして。

加藤：私は藤本の残した想いを、これから生きる人たちに伝えたいと思っ

塩見直紀×加藤登紀子

discussions

て、一生懸命彼のことばを出版したり、お話ししたりしてきたんです。だから、それを受け継いでくれている方と、こんなふうにお話ができるのは、とてもうれしいですね。

塩見：藤本さんが亡くなられたとき、それを伝える新聞記事をぼくは切り抜き、先ほどの『青年帰農』にはさみました。そのときの思いは、「藤本さんが志されたことをぼくなりに引き継いで、自分ができることをやっていきます」というものでした。藤本さんへの、そして自分への誓いという意味で、記事をはさんだのです。

加藤：その「青年帰農」の号は、その後さらにドラマを生んだんですよ。Yaeの夫で鴨川自然王国のスタッフをしている藤本博正は、まさにその号を読んで、ここに見学に来た若者なんです。

塩見：えっ？　そうなんですか？

Yae：はい、そうなんです。最初に出会ったのは、母のほうなんですけど。

加藤：夫が東京でやっていた会社の本店を鴨川に移したので、書類とか写真とかいろいろなものが届いたんです。それを私が必死で整理しているところに、数人の若者が来たんですよ。『青年帰農』の号を読んで、ここを見学したいからって。「まあ、なんていいタイミングに来てくれたの」って、もう、あいさつもなしに、「ハイ、これ運んで」「次は写真」となっちゃって。結局ずいぶん手伝ってもらっちゃったの（笑）。

×Yae in 鴨川自然王国

その人たちが、すごく楽しかったんですよ。それで、彼らと「フューチャーズ倶楽部」というのをつくって、若者たちを大勢集めて田植えをしたりしてね。そのうちの2人がここで寝泊まりすることになって、1人はけがをきっかけにやめてしまったんだけど、そのまま残って田んぼや畑をやってきたのが博正なんです。

知らぬ間に、娘が農的暮らしに生きる決心をしていました

Yae：彼は元々、都内の化粧品会社に勤めるサラリーマンだったんです。サーフィンが趣味で、海が大好き。でも、ある日ふと気がついたそうなんです。仕事で扱っている化粧品が、製造工程や消費されるなかで海を汚している、と。それがいたたまれなくなったんですね。

朝から夜遅くまで仕事漬けで、人間らしい暮らしをしていない自分の日常も変えたかった彼は、思いきって会社をやめたんです。それで、友人たちと鴨川自然王国に来たというわけです。鴨川はサーフィンができるっていうのも、大きな理由だったみたいですけど。

加藤：この話を聞いて、何かいいなあ、と思いましたよ。自分の好きなことがしたくて、っていうのが。

Yae：王国で山賊小屋って言われているところ（注1）に、彼は2年住みましたね。いままでの田んぼを続けると同時に、ほったらかしの休耕田を畑に変えて。

加藤：農的生活というのは、作物を育てるだけじゃなくて、道具をつくるとか、まわりを掃除するとか、水はけをよくするために溝を掘るとか、生活全般にかかわってくるんですよね。結局家の掃除から何から、いろいろ覚えて、間引き菜の美味しさに目覚めたりだとか、さまざまな発見をしながら2年が過ぎて、彼は畑を増やしていきましたね。ほかのスタッフと一緒に、いまは7反（70a）の畑と8反（80a）の田んぼの世話をしています。

塩見：Yaeさんが農的生活を志すことになったのは、旦那さんとの出会いがきっかけだとうかがいましたが。

Yae：そうなんです。私は、新宿の近くのビルが立ち並ぶ都会育ちなんですが、子どものころは、夏休みや冬休みになると鴨川で過ごしていたんです。でも、大きくなるとだんだん足が遠のいて、しばらく来ていなかったんですね。また来るようになったのは、父が他界してからのこと。

それで、ある朝犬の散歩をしていたら、彼が大豆畑で草取りをしていた

注1：鴨川自然王国内に建てられた手づくりの建物で、講座を受ける部屋になったったり、宿泊施設になったりしている。冬はとにかく寒い。

んです。ちょっとやってみたくなって一緒に草取りを始めたら、土に触れた感触が、心から「気持ちいい〜」って感じたんです。あんまり楽しくて時間がたつのも忘れてしまって、気がつけば汗ぐっしょりになってましたね。それから、鴨川にときどき来るようになったんです。そしてそのたびに、土のある暮らしってすばらしいって思うようになっていきました。

加藤：Yaeは、私が知らないうちに農的暮らしに生きる決心をしていたんです。その決心を聞かされたときは、一瞬「試されている」って、思ったのよね。本当に、そういう暮らしに可能性があるかどうか、危機感が何にもないわけじゃなかったからです。「あのとき、あなたが選んだことは大正解だったでしょ」って、何年もたったときに言えるのか、ちゃんとした将来を二人が築けるのかどうかということに対しての危機感ですよ。こちらの責任も、大きいしね。

でも、Yaeは彼と生きることを決めたのだから、これは大変なことになったわけです。その可能性というものを、ぜったい成功させなくちゃならないことになったんですよね。この時点で、私は彼女の半農半Xの人生の加担者になったっていう気がしましたね。

Yae

塩見：共犯ですよね（笑）。でも、そういうふうに支えている親たちも、親というエックスを果たしているんですね。親の仕事は、子どものミッションの環境を整えることだと思うのですが、そういった決心はなかなか勇気がいることだと思います。

Yae：「結婚します」って言ったら、「あいた口がふさがるまで待ちなさい」って言われたんですよ（笑）。

加藤：諸手をあげて「いいんじゃない」とはすぐに言えなくて、「私を納得させなさい」って言ったの。そしたら、「わかった」って。すぐにYaeはわかっちゃう人で（笑）。そのあと彼と一緒に住むってことが始まったんです。古民家を一緒になって直したり、二人で堆肥づくりをしたりするわけですよ。スコップで、堆肥をかき回したりしたりしてね。

「ああ、農的生活は、私よりYaeのほうがはるかにやってるなぁ」ってリアリティを感じざるをえなかったですね。まあ、納得できる理由があることを願って、「納得させなさい」って言ったんですけどね。

Yae：腰が痛くなるくらいマルチ張り（注2）をしたり、重いスコップで溝を掘ったり、大変な作業もあるけれど、自分がつくった野菜を食べるのは最高です。本当に美味しいし、なにより生きものを育てる喜びがあります。

注2：保温、保湿、草よけなどの目的で、わらや黒いビニールで畑の土におおいをすること。

加藤：それから3〜4か月たって、Yaeから「今日はごはんを食べにきてください」って古民家に招かれたんです。ジャーナリストの高野孟さんや王国のみんなと一緒に行ってみると、ちゃんと食事の支度がしてあって、うるうるしちゃうくらい感動しちゃって、そのまま祝杯ですよ。高野さんなんか喜んじゃって、「藤本は、いまごろ草葉の陰で泣いて喜んでいるぞ」なんて言ってましたよね。

塩見：藤本さんが「ポジションがわかれば、つまり位置がわかれば、ミッション＝役割、使命がわかる」ということばを遺されてますが、ぼくはこれ、とても大事にしているんです。Yaeさんと博正さんは、まさに一緒に住む場所を得て、ミッションがはっきりしていったのでしょうね。

幼いころ土と一緒にいた思い出が、自分の土台になっています

加藤：20年くらい前になるけれど、藤本に「一緒に鴨川に移ろう」って言われたとき、「それじゃあ歌手ができないから」って、私は断ったんですよ。一時は「じゃあ、離婚だ」って言われたりしましたけど、なんとか離婚せずにやってきまして、私は歌手、彼は農民を目指しつつがんばってきたわけです。彼の東京での仕事も多かったので、そんなに別居結婚ではなかったんですけど、そういう二人がそれぞれのことをやってきたんですね。

　で、はっきりと私がYaeに言われたのは、「私は半農半歌手をやってみたい」ということばでした。子どもは、親を乗り越えるんですよね。

塩見：お父さんとお母さんの背中を見て育ったYaeさんが、半農半X的な生活をなさっておられるのは、本当に説得力がありますね。

　Yaeさんの歌を聴かせていただいたんですが、ぼくは「種」を感じたんですよ。「た」というのは、「高く」「たくさん」という意味合いで、「広がり」を表していて、「ね」は「根っこ」を表しているんです。土的な根っこと、翼のような広がり。Yaeさんの歌には、すごくそれを感じましたね。

Yae：ありがとうございます。

塩見：Yaeさんは、作詞作曲もされますよね。新聞のインタビュー記事に、「鴨川で歌が生まれた」と書かれていたんですが、歌がどんなふうにできるかということを教えてくれませんか。自然がどんなふうにインスピレーションを与えてくれるのか、ぼくは関心があるのです。

Yae：鴨川で子ども時代に過ごしたことを歌ったもので、『そこらじゅうに神様』という曲があるんです。小学校低学年のころは、虫をつかまえた

り、へびを捕まえたり、草の上を走りまわったり、山の中を妹と一緒に探検したりしていたんですね。そういう経験が全部自分の財産になっていて、歌のなかにどんどんそのキーワードが出てきたんです。それは自分で意図してなかったんですけど。

Tokiko Kato & Hiromasa Fujimoto

　デビューしたときに、「あなたは、どうして恋愛の歌を書かないんですか」とか、よく言われたんですよね。「自然の風景ばかり歌っていて、抽象的な感じがして、ちょっと弱いんですよね」とか。でも、やっぱり自分は自然が根本にあるから、これでいいんだって思いましたね。

　土と一緒にいた思い出というのが、自分の土台になっているからこそ、いまこういう歌を歌っているし、いまの自分の全部が成り立っていると思うんです。農作業を通して、土というものが絶対に欠かせないんだっていうことをあらためて感じてからは、土に対する気持ちがいっそう深くなってきていますね。そういうところで、歌は生まれてくるような気がします。

塩見：農と歌という天職が、ホントにつながっていらっしゃるんですね。
加藤：2007年11月11日に行う「土と平和の祭典」（注3）という、音楽による収穫祭イベントも、Yaeが実行委員長になっているんですよ。それにむけて、全国で「種まきライブツアー」というのもやっていますし。
Yae：そうなんです。生産地でライブをさせていただくと、農をがんばっている若い人たちにたくさん会います。このあいだ宮崎県綾町に行ったときは、25〜26歳の若者たちが、「裸足で入れる畑をつくりたい。農薬なんか使わない畑を」と言うんです。そういった人たちが、私のライブを聴いてくれて、「ものすごく勇気づけられた」って言ってくれたんです。うれしかったですね。

　それぞれにいいことをしていても、なかなかそれを都会の場などにもっていって、多くの人たちと共有するようなことができないらしいんです。私が出向いて行って、「あそこにこういう人がいましたよ、あういう人がいましたよ」と言うと、同じような活動をしている人たちは、「自分のやっていることが、まちがっていないと思える」と言うんです。これからも、若い農にかかわる人たちを応援する活動は、やっていきたいですね。

塩見：「サポーマンス」という支援活動もなさっていらっしゃいますよね。
Yae：はい。「サポーマンス」というのは、パフォーマンスとサポートを合わせた造語で、私の場合、音楽による支援をしているんです。所属していたレコード会社からフリーになったとき、自分は何のために歌うのか、こ

注3：東京の港区立芝公園で行われる野外コンサートで、全国の農家が集まる市場を併設。「土」すなわち「大地＝地球」、そして「平和」すなわち「幸福＝安心、安全」というメッセージを伝えるイベント。

れからどういうふうに歌っていこうか、ということを考えたんですね。そのときに、地球のさまざまな問題に対して、自分は何ができるのかってことも考えたんです。

　もちろんマイ箸をもつこととか、マイカップをもつことととか、そういうこともするけれど、歌というものをいかしてなにができるかって思ったときに、お金を寄付するとかじゃなくて、歌でサポートしていくことを思いついたんです。音楽って、人の心を回復させてくれますよね。だったらそういうことが必要なところに行って、どんどん歌えばいいじゃないかって。それで、音楽というキーワードで私はやろうと思って、サポーマンスというものを立ち上げたんですね。これがなにかの役に立つのであれば、続けていきたいなと思っています。

塩見：サポーマンスも、Yaeさんにとってのミッション、エックスなんですね。

借り物じゃないアイデンティティーをもった人たち

塩見：ぼくの住む綾部には、半農半X的に暮らす人たちが大勢いるのですが、鴨川にもユニークな実践者の方々がいらっしゃるとお聞きしました。

加藤：そうなんですよ。素敵な人たちばかり。Yaeのほうが、詳しいわよね。

Yae：房総全体に、半農半X的だなって思える方々がいっぱいいるんですけど、とくに鴨川は、みなさん近いところに住まれているので、日常的に交流ができるんですよ。

塩見：どんな方がいらっしゃるんですか？

Yae：「素敵だなあ」と思うのは、まず半農半イラストレーターの**林良樹さん**。田んぼをしっかりやって、自給している方です。彼は99年に鴨川に移住してきて、02年に仲間たちと地域通貨「安房（あわ）マネー」を立ち上げたん

HP：http://www.awa.or.jp/home/oneness/

右／林さんは、田んぼでていねいに草をとる姿も絵画的。
左／「鴨川をエコビレッジにしたい」という思いで行動を始めた。その構想もイラストにするあたり、エックスが反映。

右上／杉山さんは、鉛、銅、カドミウム不使用の、体に安心な器をつくる。右下／作陶室やギャラリーには、味わい深い器が並ぶ。左上／Yaeさんのファンクラブの田植えイベントで。左下／囲炉裏を囲む、楽しい夜。

HP：http://www7.ocn.ne.jp/~sasaya/

です。安房マネーには、移住者たちがどんどん参加していて、交流がとても盛んです。

　林さんご夫婦は、ハーレーに乗って世界中を旅したのち、日本のどこに住もうかといろいろ探していたんだそうです。旅の途中で出会った人の薦めで鴨川に来て、市の空き家対策の募集に申し込み、築150年の古民家に移住することにしたんですが、ホントに素敵に改築していて。泥の壁を自分たちでつくったり、薪ストーブを入れたりしてね。

　そこは、安房マネーの事務局になったり、交流会の場になったり、「かもがわ虹の学校」というシュタイナー放課後教室になったり、「うず」というバイオマスエネルギーに取り組むNPOの話し合いの場になったり……。「うず」の鴨川バイオマス構想には、私の夫も熱心に参加していて、今後がとても楽しみです。

　鴨川の移住者のなかで、最も古株は、半農半陶芸家の**杉山春信さん**ですね。84年から週末に鴨川に通い始め、88年に移住。田んぼは01年から始め、3反（30a）、5反、8反と増えていったそうです。私は、毎年ファンクラブの人たちを募って田植えと稲刈りのイベントをしているんですが、杉山さんにお世話になってやっているんです。杉山さんは本当に面倒見がいい人で、いままでたくさんの移住者の家探しをされ、私もお世話になっています。

　彼は地元の組にも入って、神社の担当もやったりして、お祭りになると必ず出ていくんです。長い時間をかけて、地元の人たちからの信頼を得ているから、家探しのようなことができるんです。鴨川に移住してきたい人

半農半Xのこころ A to Z 26のキーワード Q 【Quiet time】1日1回、自分の夢に光を当てる時間を「灯台の時間」というそうだ。ときどき、内なるものに光を当てていこう。

右／自宅の近くで、藍染めに使う藍の栽培を始めたさわのさん。田んぼは林さんと一緒に行っている。左上下／草木染めのスカーフも絹の五本指ソックスも、素敵な色で勢揃い。

HP：http://www.kitta-sawa.com/

にとっての、心強い応援者ですね。遊びにくる若い人がいると、「君、ここに住みなよ」とか誘っているんですよ（笑）。

　杉山さんの「笹谷窯」には、母屋と作陶室、ギャラリーカフェがあるほかに、みんなが集まれるスペースがあるんですよ。そこには、囲炉裏のある部屋をつくってあって、よくそこで飲んだり食べたり、おしゃべりに花を咲かせています。

　そこに集うメンバーに、2006年から加わったのが、半農半草木染め作家の**さわのゆうこさん**と、旦那さんの**たかしさん**。「虹色草木染kitta」というんですが、彼女は音楽家の彼と一緒に布を染め、自分でデザインした服をつくり、スカーフ、靴下などもつくっているんです。

　アースディなどのイベントでご存知の人も多いと思いますが、彼女の作品は色がとってもきれいなんです。UAさんの衣装なども染めていて、私も彼女の草木染めの服をステージで着させてもらっています。「子どもを育てる環境として、こっちだなぁ」って思って、鴨川に来たそうなんですが、奥さんが染色をする姿も、旦那さんが音楽をする姿も、すごく自然でいいですねぇ。

加藤：私もみなさんと交流することがあるんですけど、普通初めてだれかに会って、「あなたはだ〜れ？」って言ったときに、会社がどこどこ、職業はなになにってそういうことになるでしょ。でも彼らはね、違うんですよ。「私はこういう暮らしをしていますよ」というのが、雰囲気でわかる。生活が自分のアイデンティティーになっているなって、わかるんですよ。染め物をしているかもしれない、織物をしているかもしれない、焼き物をしてるかもしれない、でもそれはその結果出てきた、その人のもっているライフスタイル、雰囲気ですよね。そういうものをちゃんともっている美しい人たちです。

　「あ、この人、こういうライフスタイルなんだな」っていうのが、そこにいるだけでわかる、そういうタイプの人たちです。会社の名前を言うとい

うことが、自分のアイデンティティーじゃない。自分のアイデンティティーに対して、借り物じゃないものをもっている。それはいまの若い人たちの大きな才能だと思いますね。

　私たちの時代は、「自分の着ているものやしゃべる言葉使いとか、そういうことによって自分のアイデンティティーが生まれてくるんだ」という発想がなかった。どうしても名刺とか職業とか、そういうことによって自分を伝えなきゃいけない、自分を決めていかなければいけないという意識が強かったような気がします。

　いまの若い人たちは、暮らしているディテール、なにをどんな器で食べている、私は自分の子どもをこんな風に育てたい、というようなことが、その人のアイデンティティーだっていうね、そういう風に変わっているような気がしますね、男女とも。昔はそういうの、女の人にあったかもしれないけど、男はそんなことで自分のアイデンティティーを示してどうする、「ぼくは橋を造りました」とか、「トンネルを堀りました」とか、それが男でしょっ、ていうようなものが、どこかあったと思うんですよね。

　けれど、男の人のなかにも、ひとつのライフスタイルのようなものが自分のアイデンティティーになっている感じが出てきているのがすばらしいですね。さらにもう少しこだわって、素材はやはりオーガニックのもので、自分のまわりをちゃんとととのえていくことによって、自分のアイデンティティーを表現する人たちもいます。

　自分に対して、ちゃんと生きている。半農半Xをしている人たちからは、そういった意識を強く感じますね。

クリエイティブおばあちゃんから半農半祈りまで

Yae：綾部で半農半Xをされている方には、どんな方がいらっしゃいますか？

塩見：移住したアーティストや若い人だけでなく、素敵な人生の先輩が地元にもいっぱいいます。おばあちゃんで、おもしろいことしているなって思う人を、「クリエイティブおばあちゃん」って呼んでるんですけど、そのなかでも代表的な人だと思っているのは、農家民泊をしている**芝原キヌ枝さん**です。69歳で天職と出会った人なんですよ。

　いまはグリーン・ツーリズム、都市農村交流の時代です。農家民泊というのは、普通の農家に宿泊することで、最近注目を集めている旅の仕方で

半農半Xのこころ
A to Z
26のキーワード

R 【Relation】自然と、社会と、家族と、自分自身との関係性は、いますべて平行線状態。交流、交差、交換……、クロス（X）し始めることが大事。

す。芝原さんは、「素のまんま」という屋号をつけているのですが、飾らずそのままの芝原さんに迎えられ、お客さんもありのままでいられるという意味があります。道路から離れていて、五右衛門風呂があり、携帯電話もつながらない癒しの空間だと評判です。とくに20〜30代がたくさんやってきます。半農半Xの読者と同じですね。

　自分のところの棚田が荒れているので、「木を植えた男」（あすなろ書房、1989年）のように5年以上かけて、コツコツそこをハス園にして、美しい思索空間にした**井上晴政さん**も、ユニークだなぁと思います。「志賀郷棚田のハス園」という名称ですが、そこは綾部のメッカになって、テレビのニュースにも取り上げられたりしています。井上さんは自給もしながらですから、半農半ハス園主でしょうか。ホームページに、きれいな写真がいっぱいアップされていますよ。

　「アンネ・フランクのバラ」を育てて、全国にプレゼントしている**山室建治さん**という方もいます。アンネ・フランクのバラとは、強制収容所で15歳の短いいのちを落としたアンネ・フランクと同様に、収容所に入れられたバラ育種家のデルフォルグさんが、アンネのお父さんに新種のバラを形見として送ったのが始まりで、彼によって世界中に広められたものです。そしてその数本が、綾部に託されたといういきさつがあります。最初は山室さんのお父さんがバラを増やしていたのですが、亡くなられてからは、山室さんが引き継いで、平和都市・綾部から全国に贈っているのです。半農半アンネのバラということですね。

　関輝夫さん・範子さん夫妻はおふたりとも洋画家で、フランスで出会われました。80年に帰国し、農業をし、羊を飼いながら、創作活動をなさっ

JR綾部駅に立つアンネ・フランク像とアンネのバラ。

山椒を植えて、新しい生きがいに挑む志賀政枝さん。

京都市から移住した
あかり作家・大石明
美さんとその作品。

ています。夫妻が綾部に帰ってこられてから、綾部が変わり始めたといいます。伝説の人ですね。

　夫妻は、綾部を「日本のバルビゾン」にしたいと思っておられるんです。バルビゾンというのは、1830～1870年ころにフランスに発生した絵画の一派。ミレーの「落穂拾い」などが有名で、バルビゾン村やその周辺に画家が居住したり滞在し、自然主義的な風景画や農民画を写実的に描いたのです。関さん夫妻の作品は、油絵、木版画、陶芸のほか、減反の田に植えた藍で染めた藍染めもあるんです。

　「平和×あかり（灯り）×自然」というコンセプトをもっておられる半農半あかり作家の**大石明美さん**の場合は自然素材で、ロマンチックであたたかな印象のあかりをつくられています。そのほか、雨の日は仏像を彫って、晴れた日は小さな集落のリーダーとして農にはげむ半農半仏師の**阪田豊さん**、体によい山椒を栽培して、佃煮にしたり、そばぼうろをつくってプレゼントしている80代の**志賀政枝さん**、半農半野草料理・自然食料理研究家の**若杉友子さん**などなど、本当に綾部にも、多彩なエックスをもつ魅力的な半農半X実践者の方々がいらっしゃいます。

　とくに印象的なのは、近くの集落のおばあちゃんなんです。半農半Xの本を読んでくださって、手紙が届き、そこには「私の場合は、半農半祈りです」って書かれていたんですよ。「80代でからだがあまり動かないので、できることは祈ることです」って。究極だなぁって思いました。

みんなで楽しい革命を起こしましょう

Yae：自分でつくったお野菜の味って、ホントに美味しくて。美味しいイコール幸せなんですよね。幸せと感じるときは、食べているときですからね（笑）。

　FM福岡でパーソナリティをしているんですが、この間そこでライブをやったんですね。そのときに、「夕飯どきになると、買い物かごを持ってスーパーじゃなく、畑に行って、今日のおかずは何にしようかしら、っていって人参を抜いて帰ってくるんです。で、それを料理して食べるんですよ」って話をしたら、すごいみんなにうけましたねぇ。

半農半Xのこころ
A to Z
26のキーワード
S
【Slow, Small, and Sustainable】Simple、Share、Story、Sense of wonder（12ページを参照）。「S」って、いいことばがいっぱいだ。そうだ、Smileも。

「それって、ものすごく贅沢なんだよね」っていうことを、みんな都会の人はわかっているんですよね。

加藤：農的生活というところでは、私はYaeに負けていて、あまりえらそうに言えるほどやっていないんですけど。

塩見：それぞれができるところで、たとえば都会だったらそれこそベランダ半農半Xでもいい、っていうのがぼくのスタンスなんです。

加藤：そうなんですよね。なんとなく限られた時間の入れ物があって、それを半分ずつにしましょうではなくて、何かそこにプラスされてくるってことでしょうね。

Yae：私の場合、半農半Xの農というのは、自分自身の暮らしであり、自分を支えてくれているものになってきています。私はまだ、農のことはよくわからないけれど、土に触れるだけでいい、そこから暮らしが出てきたなっていう気がします。

加藤：農というのは、暮らすこと、自然といること。農業さえしていればそれでいいということはなくて、自然と一体になる時間がちゃんともてているかって、大事でしょうね。

塩見：そういうお考えが根底にあるから、『Révolution』のような曲ができたんですね。ぼくは、大好きな曲を「座右の曲」と言っているんですけど、ぼくにとっての座右の曲は、加藤さんの『Révolution』なんです。ぼくはこの曲に92年ごろに出会って、もう多いときは、10回連続で聴いたりするんですね。奮い立たせる歌、ほんとうに勇気をもらっています。

この歌のなかには、自然への感性と、それから自分が天から与えられた仕事という観念が入っていると思うんです。だから、加藤さんは歌のなかで、半農半X的な心を歌い続けてくださっているんだなぁと勝手に思わせてもらってきました。

加藤：革命といえばね、さきほどのフューチャーズ倶楽部で、「何を求めてここに来たか言ってごらん」ってみんなに聞いてみたことがあるんですよ。一人は「自然の写真を撮りたい」、またほかの人は、「自分の住む家をなんとかして、自分でつくりたい」。それぞれ夢をもっているんですよね。で、「それは革命だわ」って私は言ったんです。「自分で自分の家をつくろうというのは、消費経済というか、あてがわれたものはいやだって、自分のやり方で自分は生きたいということだから、あなたは革命を起こそうとしてるってことよ」と。それで、「みんなで楽しい革命を起こしましょう」って言ったんですよ。

半農半Xのこころ A to Z 26のキーワード

T

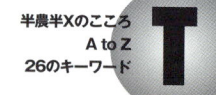

【Theme】テーマを考えるとき、得意で大好きなことのうち、上位20％にフォーカスしよう。いろいろ手を出したいが、しぼらないといけない。

Yae：母の好きなことばは、「自由と革命」なんですよね（笑）。
塩見：ある程度自給的な生活をして、間伐をしながら、何年もかかって1軒の家をつくるというライフスタイルは、まさに「スロー・レボリューション」。ゆっくりと、無理せず変わっていくことだと思います。
加藤：変わっていくことは、確かに求められていますね。いまの農業の人たちの絶望感は、私は大きな転換期だと思いますしね。実際、農民はほとんど絶望しています。私たちの21軒の集落には、若手で農業ができる人が、この自然王国を除くと2〜3人しかいない。いまこの時点で私たちが新しい展望をもてば、絶望のどん底に追い込まれている日本の農業を、ちょっと転換させられるんじゃないか。そういう大事なときにいると思います。

それこそ学生運動をやめた藤本のかつてのことばのように、「地球に土下座して、生き方をゼロからやり直す」というような感覚で、喜びをもって農的生活をすることを見いだしていけたら……。半農半Xを実践する人のなかには、そんな人たちがいるように思います。
塩見：まさにレボリューション。これが、これからのキーワードですね。
Yae：大好きな仕事をしながら、レボリューションですね。
加藤：そう、みんなで楽しい革命を起こしましょう。

（2007年4月8日　談）

塩見 直紀（しおみ　なおき）
半農半X研究所代表。1965年、京都府綾部市生まれ。95年から、21世紀の生き方、暮らし方として、「半農半X」というコンセプトを提唱。著書に『半農半Xという生き方・実践編』（ソニー・マガジンズ、2006年）などがある。
HP：http://www.towanoe.jp/xseed/

加藤登紀子（かとう　ときこ）
歌手。1943年生まれ。2000年、国連環境計画（UNEP）の親善大使に就任。歌手活動の傍ら千葉の鴨川自然王国で農的生活を実践する。近著に『農的幸福論－藤本敏夫からの遺言』（家の光協会、2002年）、『青い月のバラード』（小学館、2003年）などがある。
HP：http://www.tokiko.com/

Yae（やえ）
歌手。本名、藤本八恵。東京都生まれ。これまでに5枚のアルバムと4枚のシングルCDをリリース。数々のTV-CMソングや映画の主題歌などを歌う。07年4月からNHK「産地発！ たべもの一直線」にレギュラー出演。
HP：http://www.yaenet.com/

取材・文／吉度日央里　撮影／松澤亜希子（66・67・68〜74・79ページ）
長野弘子（69・73ページの田植えの写真）　塩見直紀（76・77ページ）

Message

「半農半X」と「生物多様性」

「大地を守る会」会長　藤田和芳

　「半農半X」という言葉に私が直感的に感じたのは、「生物多様性」ということです。
　岩手県の農村地帯で子どものころを過ごした私は、文字どおり「生物多様性」のなかで生きていました。小川にはドジョウやフナ、田んぼにはカエルやタニシ、道端には蝶やトンボ……。子どもたちはいつも、それらと戯れながら遊んでいました。家には鶏、犬、牛、馬がいて、いつでも触ったり抱きついたりできたものです。いまになって私は、あの動物たちにいろんなことを教えてもらったような気がします。
　「モノカルチャー」は、効率や一時的な生産性という点では優れているようです。けれども、実は限りなく危うい現象ではないでしょうか。
　農業という分野でも、ある品目だけに依存している単作の場合、病害虫が大量発生したり、台風がきて全滅したりすれば、その農家はたちまち生活できなくなってしまいます。でも、たとえば果樹がやられても米があったり、米が不作でもトマトやキュウリを売れれば、何とか生き延びられるのです。
　もともと農民はこうして生きてきたのではないでしょうか。「生物多様性」こそ、自然のなかで生きる者の安全保障だったと思います。
　６年前に私が訪れたドイツの農家は、自分の農産物の販売方法を三つもっていました。第一は、毎朝村の中心部で開かれる朝市に行って自ら農産物を販売する方法。第二は、自分の家に車で買いに来る近隣の人たちに直接販売する方法。第三が、近くのスーパーマーケットに卸す方法。彼らは、こう自慢していました。
　「このうちどれかひとつの販売方法がストップしても、他の方法が生きていれば自分たちは倒れない。たとえ、スーパーマーケットの店主が理不尽な要求をしてきても堂々と渡り合える」
　販売方法を多様にもっていることが、農民として生きる知恵だと、彼

03

らは強調していたのです。
　インドネシアのバリ島の絵画や踊りは、世界的レベルです。世界中から観光客が集まり、バリ絵画の素晴らしさ、ケチャやレゴンダンスなどの幽玄さを楽しみます。実は、その絵を画いたり踊りを踊ったりするのは農民なのです。
　バリ島は気温が高く、日中は35度から40度近くにも気温が上がります。農民たちは日中の暑い時間を避け、朝太陽が昇るとすぐ田んぼに出て農作業をし、7〜8時には家に帰る。そして、夕方、太陽が傾き始めるとまた農作業をし、太陽が沈むと家に帰ります。
　日中の暑いとき、彼らは日陰で絵を画いたり踊りの練習をしたりします。今日、田んぼに出たときに出会った小動物たちの生命の躍動、植物の成長の喜び、それを絵の筆先や踊りの指の先、目の動き、腰の振り方に表現するのです。
　生命に触れた感動が、芸術として表現されていく。その豊かさ、深さがバリを訪れる人びとを感動させるのだと私は思いました。
　農民が農業だけのモノカルチャーではなく、「農」をベースにしながら多様な生命活動、表現方法を手にしたとき、本当の豊かさにつながる。振り返れば、人間は縄文の昔からそのようにして生きてきたのではないでしょうか。

藤田和芳（ふじた　かずよし）
1947年生まれ。75年に有機農産物の産直グループ大地を守る会設立に参画。83年より会長に就任。有機農業運動をはじめ、食糧、環境、医療、エネルギー、教育などの諸問題に対し、積極的な活動を展開している。株式会社『大地』代表取締役、『100万人のキャンドルナイト』呼びかけ人代表、『全国学校給食を考える会』顧問なども兼任。著書に『ダイコン1本からの革命』（工作舎、05年）など、共著に『いのちと暮らしを守る株式会社』（学陽書房、92年）がある。
大地を守る会　HP　http://www.daichi.or.jp/

「半農半X」のここが聞きたかったQ&A

回答／塩見直紀（半農半X研究所）

「半農半X」というコンセプトに出会った。
やりたい。すぐにでも、アクションを起こしたい。
でも、何から始めたらいいのだろう？
「半農半X」を実践している。
うまくいっているような、いっていないような。
さて、どうしていったらいいのだろう？
どちらの場合も、きっとこのなかに答が入っているはず。

Q：半農半Xを始めるのにあたり、家はどうしたらみつかるでしょうか？

　いつも思うのは、家探しはパートナー探しと似ているなということです（笑）。家とも赤い糸でつながっているのか、ちゃんと用意されていると感じることがあります。家は天職のように、運命的なものでもあるのだと思います。また、ここでもセレンディピティ（思いがけず幸運に出会う能力）が、大事なようです。

　半農半サーフィン（＝海を愛し、守る活動）をめざす場合は、いい波がくるような伊豆や愛知の遠州灘、宮崎の日向灘に近いところがいい。山が好きな人は、常に山の存在を身近に感じていたいもの。なかには、寒い気候を好む人もいます。「温暖地でないと」という人もいます。

　人はなぜ惹かれるところが違うのか、不思議ですね。東北の遠野や和歌山の熊野古道近く、九州の高千穂など、色濃い日本の原風景を好む人もいます。山形・高畠、茨城・八郷、兵庫・市島など、有機農業のメッカがいいという人も。

　余談ですが、数十年後、温暖化で東京が沖縄のような気候になるかもしれないといって、いまから北海道に移住しようと考えるのは、半農半X的でないなと思います（笑）。

　農ある小さな暮らしとミッションが叶えられる場所という視点、赤い糸という観点でそれを求めてほしいと思います。自分の理想の暮らし、ライフスタイルにあった場所はどこにあるのか。自分のスタイルが見えたら、終の住み処探しは、意外と簡単なのかもしれません。

　田舎の物件を探している人には、年賀状やブログで、「千葉県の九十九里近辺で、家を探しています」とか、「丹波方面（京都・兵庫）で、古民家を探しています」と公言したら、とアドバイスしています。披露宴の

席やパーティで話すという手もあります。とにかく公言するのがコツです。夢を語ると、実現が早まると言いますよね。自分だけでなく、周囲の人にもアンテナを張ってもらうのです。

ぼくが住む綾部で見られるパターンは、綾部に移住した友人の家に遊びに行った人が、その土地を気に入り、「空き家を見つけてほしい」と依頼する例が多いです。仲間が増えるのはうれしいもので、その友人も喜んで世話をすることになります。

パラシュートで未知の地にいきなり飛び込むようなスタイルもありますが、住みたくなったところに、誰か知人がいることも大事です。けれど、知人がいなくても心配はいりません。友人は、つくればいいのです。

ぼくがスタッフをしている「NPO法人里山ねっと・あやべ」では、移住希望者には、「まずは綾部に友人をつくってください」と言っています。農家に民泊したり、交流イベント（米づくり塾や蕎麦塾……）などに参加して、村人らの友人・知人をつくるのが、オススメです。人生を切り拓く「創縁力（そうえんりょく）」も、大事なチカラですね。

市町村によっては、Iターンの受け入れに熱心なところもあります。いくつかあたっていくと、熱心に対応してくれるところとそうでないところがわかってきます。「担当者がとても熱心だから、移住を決めました」という人も多いようです。結局は人なのですね。しかし、担当者が生涯にわたって、守ってくれるわけでもないので、冷静な判断をしてください。

今後、市町村も誰でも移住させるのではなく、市町村のビジョンにあった人を、熱意や夢、キャリア・特技などを考慮し、選別する時代に入っていくのではと、個人的には思っています。

田舎も「工場誘致の時代」から「人財誘致の時代」へと変わっていきそうです。1人の加入、転入によって、町が、村が大きく変わる可能があるからです。空き家を用意して、求める人財を確保することも地域の戦略として出てくることでしょう。

不動産屋さんでの家探しですが、先輩移住者や建築に詳しい人（とくに土台を見てもらえる人）など、同席してもらったほうがいい場合もあります。ぼくも何度か同席しました。多様な角度から見るということも大事です。両親、友人などと一緒に物件を見たほうが安心な面もあります。

空き家物件情報について、かなり掌握している不動産屋さんもあります。地元の不動産屋さんはアパートには強いが、田舎物件に詳しくない場合や、田舎物件に強い都市部の不動産会社もあります。また、いまはインターネットで検索し、情報を得ることもできます。具体的なイメージがあるなら、不動産屋さんに伝えておき、ファックスで情報を得ることも可能。

先輩就農者にほれて移住を決めることもありますが、こちらも冷静な判断が必要です。結局は、自分はなぜそこに行こうとするのか、何をするために家を求めているのか、哲学することが大事。ときが満ちてくれば、家は向こうからやってきれくれるでしょう。移住されている方を見ていて、共通点があるなと感じるのは、やはりみんな「信念」があるということです。

Q：家族の反対があったら、どう乗り切ったらいいでしょう？

ある種、強引なところも大事です（笑）。でも、家族といってもそれぞれの人生なので、無理はいけません。ある人は、子どもから「田舎はコンビニがないから」という理由で反対にあいました。こういう理由の場合は、強引に行ってください（笑）。

みんな合意、家族全員OKとなる日は、はたしていつ来るのでしょう？ 1年後かもしれないし、永遠に来ないかもしれない。わかりませんね。一人ではない人生の、難しいところです。

最初は通い農や市民農園、ベランダ菜園からスタートしてはどうでしょう。農もエックスも、最初は1％からでもいいのです。できるだけ、四季のすべてを見てください。

人はいつ変わるのか。ぼくはこの15年ほど考えてきました。たとえば環境問題など、知っている、わかっちゃいるけど、やめられない人が大半です。「半農半X」的な生活のよさがわかったとしても、踏み切れないという家族の気持ちはわからないでもありません。だから、ふだんからの教育、価値観の共有、対話が大切なのだと思います。

家族がいままで何を大事にして生きてきたか、こんなときに問われるのですね。

Q：半農半Xの始め時はいつだと思いますか？

「何事にも時があり　天の下の出来事にはすべて　定められた時がある。生まれる時、死ぬ時、植える時、植えたものを抜く時」（旧約聖書「コヘレトの言葉」3章1節より）。

すべてには時があるので、一概には言えませんが、13ページで書いたように、若い世代でやりたいことを定年まで置いておき、定年後に始めたいという人はいないのではないかとぼくは思っています。若い世代には、定年後という概念はないのです（断定！）。それは正しい認識ではないかと思います。

若い世代に言いたいのは、「5年以内にアクションを！」ということです。82ページでも書きましたが、地球温暖化によって、50年後、東京が沖縄くらいの温度になるといわれることがあります。定年後は、本当にわからない！　脅しているように聞こえたらごめんなさい！　で

も、早いうちのチャレンジのほうが解決できることが多いでしょう。

中国の故事に、「先憂後楽」ということばがあります。意味は、「天下の憂えに先んじて憂え、天下の楽しみに後れて楽しむ」(范仲淹「岳陽楼記」)こと。国家の危機においては、誰よりも先に心配し、行動する。そして、危機が去ったあと、誰よりもあとで楽しむのでいいというスタイルが、いま大事だと思います。

動けるのは、若い世代です。ぼくたちには新しい世界をつくる責務、ミッションがある。「先楽後憂」ではいけないのです。半農半Xの始め時はいつか。30年後？ 20年後？ 10年後？ ぼくはやはり、この5年以内ではないかと思うのです。

安心してくださいね。ぼくは悲観論者ではありませんから（笑）。最高のシナリオをつくるには、早く動くほうがいいこともいっぱいあります。

Q：初期投資は、いくらぐらいと考えたらいいでしょうか？

まずは農に関してですが、読者のなかには、ハウスを建てるという発想の人は少ないかもしれません。機械を使わない、耕さない自然農などをする場合は、さらに費用はかかりません。鍬、鎌のみなら、1万円以内でできるのです。小型耕運機などで「耕す農業」を行う場合も、「買う」という発想はせず、不用のものをもらいましょう。農機具を買い換えた家では、使える農機具が不要となり、倉庫に眠っていてタダでもらえることも多いです。

わが家の周囲では、タダでは悪いのでお礼に1～2万で譲っていただきます。所有者も倉庫が片付き、喜んでくださいます。このあたりのコツはふだんのコミュニケーション（口コミ）、人脈がものをいいます。

東北では半農半Xな人びとのために、中古の農機具のリサイクル市場を始めようと、仙台の財団法人東北産業活性化センターが刊行した『「農」を舞台とした東北の活力と創造と』(日本地域社会研究所、2005年)で、「半農半Xに向けた中古農業機械流通市場の創出」を提案しています。こうした動きが活発になれば、おもしろいですね。

眠れる農機具も貴重な地域資源です。その可能性に注目する人（NPOや企業、行政）が動いていくと実現は十分可能です。中古の機械でも、使用されてきた日数も少なく、とくにディーゼルエンジンのものは長く使えるものも多くあります。バイオディーゼルを燃料として、使ってほしいです。

田畑や山の入手に関する費用ですが、昔は年貢が必要ですが、耕作放棄地の多いいまは耕すと喜ばれる時代です。これも家と同じで、やはりいい大家さん（地主）と出会うことが肝心です。農地取得の制限も昔と異なり、緩和されています。時代とともに、市町村の農業委員会も変わり

始めています。

　家については、古民家の場合、リフォーム前なら、500万円前後で土地・家屋を取得でき、リフォームにその2～3倍の費用をかける方が多いです。以下の話はログハウスの建築家（デザイナー）からうかがったのですが、ログハウスの業界でも日本の風土にあう古民家に惹かれる人が増え、そうしたトレンドだそうです。古民家は築100年を超えていまでもしっかり建っていて、なんともいえない心地よさ、存在感です。

　いい物件と出会えなければ、家はまず賃貸でいくべきです。綾部では、家賃は2万円前後のようです。これも、いい大家さんとの出会いがすべて。好きなように改装してよいと許可がもらえたり、住んでもらえることで逆に喜んでいただけたり。不特定多数を対象とするなら不安だが、いい人なら貸したいという大家さんも多いのです。村で言う「いい人」とは、自治会活動に積極的に参加し、コミュニケーション力がある人という意味です。

Q：農とXをうまくコーディネートするには、どうしたらいいでしょう？

　バランスが大事です。5：5でなくてもいい、100％にこだわらなくてもいい、柔軟に対応したらいいと思います。体を壊しては元も子もありません。まずはできることからスタート。スモールアクションでいいのです。

　6～8月は草も伸びるので、エックスの仕事量も減らすなど、考慮するといいでしょう。庭もそうですが、「毎日30分」農にあてるだけでも、結果は異なります。35ページの勅使河原道子さんのように、仕事が忙しくともできるような農（楽農？ものぐさ農？）で、自分のスタイルをつくっていきましょう。

　完全自給自足をめざす必要はありません。農に向いている人は増やしていけばよいし、家族のなかで農が得意な人がいたら、その才能を活かし、伸ばすようにすることも大事なことだと思います。

Q：欠かせない農具（農機具）は何でしょう？

　用途に応じた各種の鍬（平鍬、備中鍬、唐鍬）と鎌（草刈り鎌、のこぎり鎌、厚鎌）が、まずは基本となります。日本においては、繁茂する草とどう向き合うかが最大のテーマ。草も虫も敵とせず、そして、収穫もそこそこあるような農にするため、みんな苦労をしています。

　面積が大きくなると、鎌や長鎌での草刈りは時間的に無理となり、刈り払い機の出番となります。2～4万円で手に入る刈り払い機は田舎暮らしの必需品とよく言われます。しかし、混合油のにおいが気になったり、化石燃料の使用という点、昆虫など小動物を殺傷する点などが理由

で、時間がかかっても鎌にしたい人も多いようです。

　すべては田畑のサイズによります。ベランダ菜園の場合は、プランターや鉢が必要な農具といえるでしょう。

　一輪車もあれば、便利です。昭和30年代の半ば、世に登場したと村人から聞きましたが、それはそれは画期的なことだったそうです。

　半農半著の星川淳さん（7ページを参照）は、「サバイバルツールを5つあげてください」という問いに、以下のように答えておられます。示唆に富んだすぐれた回答なので、ご紹介しましょう。

1　半改良刃腰ノコ
　　＜プラス目立てヤスリ＞
2　良質の腰ナタ＜プラス砥石＞
3　なるべく肉厚な鋳物の鉄鍋
4　三つ鍬（先が三本に分かれた丈夫な農耕用の鍬）とスコップのセット
5　米を含む穀物、豆、野菜、イモ、果樹、薬草など各種在来作物の種および種苗

　食糧危機、戦争など、いざという長期サバイバルを意識されてきた星川さんの5つのツール、参考になりますね。一代雑種（F1）ではない在来種を入れておられるのは、さすが。種については、意外とみんな無頓着です。種が自給できていないと真の自給とはいえないのだ、ということを伝えていく必要があります。

半改良刃腰ノコ

ナタ

鉄鍋

三つ鍬

種および種苗

Q：農機具以外に初めに揃えた必需品は、何でしたか？

　玄米と自然塩と味噌があれば、生きていけます。あと、醤油があれば、いいですね。備蓄というわけではないですが、大量に購入すると安くなることもあり、我が家では醤油、塩はストックしています。少し落ち着いたら梅干しをつけるための甕(かめ)とか、保存食をつくるための瓶(びん)が大事になってくるように思います。

　ちなみに、ぼくが田舎暮らしを始めるときに最初に買った大きな買い物は、チェーンソーでした。大雪の年にUターンで綾部に帰り、雪で山の木がたくさん倒れたので、必要に迫られて購入しました。

　できるだけ、車は乗らないでいたいのですが、たくさんの荷物が運べる「軽トラ」は重宝します。ハイブリッドの軽トラとか早く出ないでしょうか。余談ですが、ソーラーエネルギーで動く「刈り払い機」も早く出てほしいと思います。

Q：田畑が軌道に乗るまで、どうするといいでしょうか？

　まずは１％でも自給できるようにすること、チャレンジすることです。しかし、半農といっても、栽培がすべてではありません。山野草に強くなることも大事。この世には食べられるものがいっぱい、知らないだけなのです。生命力がある山野草をおいしくいただく知恵は、いま本当に大切なのです。

　梅干を漬けたり、味噌づくりを試みることも、とっても大事です。「買う暮らし」から、「つくる暮らし」へ、消費者から、生産消費者(プロシュマー)になっていく、口だけの「批評家」から「当事者」になっていくことです。

　近隣から野菜をもらえる関係を育むことも、もうひとつの自給力といえるでしょう。完全自給自足をめざす必要はなく、「他給の尊さ」も感じてください。周囲が与えてくださる野菜は完全無農薬ではないかもしれませんが、作物には罪はないので、愛を加味し、ありがたくいただいてほしいと思います。

**Q：エックスの見つけ方に対しての
アドバイスをお願いします。**

　全国的に耕作放棄地が多くなっているので、農地探しは簡単ですが、エックス探しは難しいとぼくは感じています。でも、ハンカチ落としのように、意外とうしろに落ちていたり、足元や目の前にあったり、すでに用意されている場合も多そうです。

　鴨川自然王国の故・藤本敏夫さんは「ポジションが見つかれば、ミッションがわかる」という言葉を残されました。活動場所が決まれば、そこにあるのかもしれません。

　ぼくの場合も母校が閉校となり、そこを拠点とする「NPO法人里山ねっと・あやべ」の仕事がすぐ舞い込みました。場所が決まれば、修行が始まると先哲がいっていますが、本当かもしれません。拠点がみつかれば、意外と、エックスがちゃんと用意されていることも多そうです。

　翻訳家で環境NGOをされている枝廣淳子さんは『朝2時起きで、なんでもできる！』（サンマーク出版、2001年）のなかで、天職発見のヒントとして、「好きなこと×得意なこと×大事だと思うこと」というキーワードをあげておられます。また、『週末起業』（筑摩書房、2003年）の藤井孝一さんは、「好きなこと×得意なこと×時流にあっている」がヒントであると書かれています。共通するのは「好きなこと×得意なこと」ですね。ここにヒントがあるのは間違いないと思います。

　大好きなことを見つけることが難しいのは、たくさんありすぎるからでもあります。「選択と集中」で、捨てることも大事です。引き算していきましょう。

　また、1つではライバル（競合）が多い場合も、2つ、3つとキーワードを掛け算すると、独自の「型（かた）」が出せるのではないかと、ぼくは思っています。「社会性×独自性（オンリーワン）×事業性」という公式も参考になります。36ページで紹介していますが、京都府南丹市美山町在住の鹿取悦子さんは、NPO法人芦生（あしゅう）自然学校を設立。水源となる芦生の原生林の大切さを伝え、守る活動をしています（社会性）。京都ではめずらしく清流を生かし、ラフティングなどのアドベンチャー系のアウトドアもでき、猟師体験、雪中のトレッキング等も可能です（独自性）。美山ブランドもいかされ、設立はまだ浅いですが、安定した経営が可能になってきています（事業性）。

　鹿取さんがスタッフとして、勤めている「観光農園　江和ランド」も京都市内に近いところにあって、ユニークな存在です。代表の大野安彦さんは地元の方で、地域づくりに夢をかけている人です。ここは体験の場であると同時に、メッセージの発信基地でもあり、やはり「社会性×独自性（オンリーワン）×事業性」という公式が成り立っているように思います。

この公式をみんなもときおり思い出し、セルフチェックに使ってほしい。わが半農半Ｘ研究所もですね。

エックス発見と感受性アップは、対になるものです。そういう意味においても、レイチェル・カーソンのいう、「センス・オブ・ワンダー（自然の神秘さや不思議さに目を見張る感性）」はエックスにおける大事なキーワードでしょう。

「好き」を仕事にしていく力、地域の問題を仕事にしていくセンスは、とっても大事です。きっとエックスはそこにあるでしょう。自分の声を聴ける力、メッセージを感受できる力とエックス力（表現力）を高めることが大切です。

Q：エックスからの収入はどれくらい必要ですか？

持続可能な農ある小さな暮らしが基本です。ぼくたちはすぐ何でも買ってしまいますが、買わずにあるもので応用する力、自分で作れる力をつけたいものです。田舎ではまだまだ、買わずに工夫するチカラがあるので学べることも多いでしょう。

大好きなことがあっても、換金することにチャレンジしていない人は多いと思います。企画力というのは「一生モノ」です。アイデア、発想力、表現力を磨き、天からのご褒美（インカム・収入）をもらうようにつとめてほしい。京都近辺なら、毎月15日に京都・百万遍の知恩寺で開催されている「手づくり市」に出店してみてください。

お金の得方の発想法ですが、『「里」という思想』（新潮社、2005年）の著者であり、群馬の山村で畑を耕す哲学者の内山節さん（立教大学大学院教授）は、「30万円を稼げる仕事を10個つくりなさい」と京都府のシンポジウムで語られたことがあります。介護に関心があるなら、ヘルパーの仕事で外へ出てもいいし、パンを焼いたり、卵や米を売ってもいい。パソコンや英語を教えてもいい。10種類の収入源があると、年300万円になる。それだけあれば、十分生きていけると。

どれか1つがダメになっても、他がカバーしてくれます。そういえば、わが家もいろいろな仕事があります（笑）。

Q：子どもの教育は田舎で大丈夫かと思っている人に、アドバイスをお願いします。

「一人の賢母は、百人の教師に勝る」というドイツの哲学者・ヘルベルトの至言があります。教育の基本は、家庭にあることをもっと信じていたいものです。それと、来るべき未来はどんな時代であってほしいというビジョン、イメージも大事です。そのためには、いまどんな教育が必要なのか考えてください。

私見ですが、焼け野原からでも再生できる力をつけることが大切では

ないかと思っています。また、娘には、ピースフルに生き、ものづくり、コト起こしができる人になってほしいです。「あるものでないものをつくる力」があることが大事だと感じています。

現在の日本の状態からのみ発想すると、これからを生きる子どもにとっては大変になるかもしれません。童謡詩人の金子みすゞは、信心深い村に生まれ育ったといいます。信心深いとは特定宗教をいうのではなく、お地蔵様に手を合わせたり、見えないものを大事にする習慣があるということです。そうしたところに住むことは最高の教育となるでしょう。そんな土地があるなら、ぼくもそこで暮らしたいくらいです。そういう観点からの終の住み処探しがあってもいい、とぼくは思っています。

Q：半農半Xを持続するコツは、何でしょう？

まず農についてですが、農はサイズ（面積、規模）が重要です。サイズは、とくに草が伸びる季節にものをいいます。まずは、無理のない小さなサイズからスタートしましょう。都会での半農半Xなら、市民農園の1区画からチャレンジ。田舎で家族4人暮らしなら、田んぼと畑で1反（20×50m）未満がいいのではないかと思います。ストレスとなるなら、逆効果です。

エックスが明確な人は、小さな農を暮らしに取り入れるだけで半農半Xです。すでに小さな農を始めている人でエックスが足りない場合は、「自分の天職は何かな」と再考する時間をとるようにしてください。

半農半Xでもっとも難しいのは、やはりエックスのほうでしょう。「エックス力」がポイントです。これは企業に勤めていても同じで、自分の能力を高めていかないと、未来はどうなるかわからない。

よく陶芸家の例をあげるのですが、作品にチカラがあり続けることがとても大事となります。一生が勉強、精進ですね。時代とともにスパイラルに進化、腕があがるイメージ。経験とともに作品力があがらないと、将来は厳しいでしょう。これはどこにいても、何をしていても同じです。エックスに時間がとられるようになると、農の時間がなくなることがあります。けれど、少しの時間でも土や植物と向き合える時間をとることで、インスピレーションを得、エックス力もあがっていくことが理想です。

大事なのは両方あること、そこから生まれる新しい文化やオルタナティブアンサー（問題解決法など）です。半農半Xとは、これからのスタンダードを形づくっていくことへのチャレンジ。半農半Xとは、生命を大事にする文化創造者、クリエーターなのです。

みんな21世紀の生き方を模索し、半農半Xを実験中です。小さな農と

天職の両方をかなえることは難しいことかもしれませんが、誰かがそれにチャレンジし、後世のために持続可能な文化への道筋をつけないといけないのではないかと、ぼくは思っています。

Q：ご近所とのつきあいはどうしていますか？

田舎暮らしの3大難問は「住居探し」「職探し」「ご近所づきあい」とよく言われます。「ご近所づきあい」は大きな問題ですね。コミュニケーション力は、田舎暮らしにおいて重要なポイント。ビジネスの世界において、求める人材として、コミュニケーション能力の高さが要求されます。田舎暮らしにおいても同じです。

もし相手から、悪口などマイナス思考のことばが出てきて嫌になることがあっても、うまく話題を転じ、村の歴史や知恵（保存食など）を聞き出したりしましょう。村人と話しているとき、ぼくはポケットからメモ帳を取り出し、メモすることがあります。人は聴いてもらえるとうれしいので、聴き上手であることで関係は変わってきます。

農の場合は農法が異なっても、うまくやっていきましょう。除草剤のない時代はどんなふうに作物をつくっていたのか、草取りの苦労や種の入手や自家採種のことなど、昔の苦労を聞いて、人生のスポットライトをあててあげてください。人を変えることはできません。自分が変わるしかないのですね。敵対する時代ではもうありません。

お隣など、周囲の人に思いやビジョンなど、理想、「本気度（生きざまなど）」を伝えることは大事です。それも1度でなく、何度も。新聞などを見せて、そっと伝える方法もあります。移住にあたって、隣が誰であるかはとっても重要なことです。隣のおばあちゃんがステキな人だから、移住を決めたという考えがあってもいいですね。長いつきあいのことをふまえて、住居は慎重に決めましょう。

Q：初心者向けの作物（知識がなくてもすぐに取りかかれるもの）は、何でしょうか？

ねぎからのスタートでどうでしょう。苗物屋さんで購入して、畑に移植するのです。さつま芋のツル植えも最高です。ここからさつま芋になるなんて！　種芋で植えるじゃがいもも、初心者向けです。また、にがうりは、こぼれ種で翌年、発芽してくれます。発芽力があるものってすごいです。

つぎに、大根や人参など身近な野菜の種を播くといいでしょう。大事なのは、和食のメニューとなるものを自給していくことではないかと思います。ぼくが住んでいるところは粘土質です。その土地土地で、土の性質に向いているものを近隣の農家

から聞くなどしてみてください。きっと農業の師と出会えることでしょう。

お米については、たとえば、20×25mの5畝くらいの小さな面積の田を見つけ、無農薬の栽培にぜひチャレンジしてください。畑とはまた違った喜びを得られます。理想は1年分の家族のお米を収穫すること。

わが家では3反（50×60m）のうち、3分の2にあたる2反を12区画に割り、都会の友人にチャレンジしてもらっています。田んぼの場合、水の管理（水利権など）がポイントです。無農薬への理解は広がっているとぼくは感じています。

都会で半農半Xする場合も市民農園、家庭菜園、屋上菜園、ベランダ菜園などでいろいろ播いてみてください。大きな書店の農業・ガーデニングの棚には関連書もたくさん出ています。ペットボトル菜園というすごい研究をされている人もいます。可能性を追求してみてください。ハーブのみでもいいのです。

Q：有機の種を手に入れる方法を教えてください。

『自家採種ハンドブック』（現代書館、2002年）『にっぽん　たねとりハンドブック』（現代書館、2006年）には、種に関する資料（入手先や種苗交換会情報など）が載っています。インターネットで検索するのもいいでしょう。「野口のタネ」（埼玉県飯能市、107ページを参照）や「光郷城（旧屋号は芽ぶき屋）」（静岡県浜松市、108ページを参照）にヒットするはずです。

町から遠いところに住んだ場合は、近隣にお年寄りがいたなら、住んでいる地の在来種を探すこともおもしろいです。在来種はどんどん滅びていっていますが、守り継いでいる人がいるかもしれません。「種をもとめる」だけでなく、「自分の種を育てる」という視点もほしいところです。

長崎の岩崎政利さん（『種の自然農園』代表、NPO法人日本有機農業研究会幹事・種苗部会担当）の『岩崎さんちの種子採り家庭菜園』（家の光協会、2004年）、『つくる、たべる、昔野菜』（新潮社とんぼの本、2007年）、兵庫の山根成人さん（ひょうごの在来種保存会代表）の『種と遊んで』（現代書館、2007年）など、おすすめの本があります。

市民農園を利用する場合は、種の交換もおもしろいものです。各地で種苗交換会も開催されています。農のネットワークが大事ですね。ベランダ菜園は交配の心配がない分、意外と穴場な畑なのです。

どこがフィールドでも半農半Xを楽しんでください。地球もきっと喜んでくれます。

Message

それぞれがそれぞれに「アタリマエの暮らし」

「増刊現代農業」編集主幹　甲斐良治

　６月のある日、群馬県片品村の桐山三智子ちゃんから電話がかかってきた。「困ったよ～」と言う。どうしたのと聞くと、カフェスローでの「地大豆カフェ・リレートーク」に「地大豆から半農半Ｘへ」というテーマで参加してほしいと依頼されたとのこと。どうして困るのかと聞いたら、「だってワタシ、自分のやってることが半農半Ｘだなんて思ったこともないから、何を話したらいいかわからないし……」。

　そりゃそうだ。ミチコちゃんは28歳。横浜で生まれ育ったハマッ子、しかも自称「元コギャル」。尾瀬の麓の片品で暮らすようになったのは、職場のストレス、アトピーなどに悩み、野菜づくりもやっている片品村のペンションで３カ月間働かせてもらったことがきっかけ。そこで地大豆「大白大豆」にこだわる『尾瀬ドーフ』に出会い、４年前から夏はその材料である「大白大豆」を無農薬で栽培する畑で働き、冬は炭焼きを手伝うようになった。炭焼きの師匠は炭焼き歴65年の「金じい」（須藤金治郎さん・83歳）。

　ミチコちゃんの特技は「炭アクセサリー」づくり。「アースデーマーケット東京朝市」、渋谷区富ヶ谷の天然酵母のパンの店「ルヴァン」、横浜のギャラリー「遊土」などで個展を開いたり売ったりしている。

　炭をアクセサリーにしてみようと思ったのは、師匠に連れて行ってもらった炭焼きの勉強会で、「銀じい」が炭のかけらを内ポケットに入れているところを「発見」したから。ミチコちゃんが「なぜ？」と聞くと「心臓に近いところに炭を入れておくと電磁波を防いで体にいい」と、銀じい。

　片品に来るまで渋谷のアクセサリー雑貨店で働いていたミチコちゃん、「それなら」と、炭をペンダントやピアスのようなアクセサリーにすることを思いついた。ちなみに、ちなみに銀じいとは炭焼き研究歴60年、炭焼きの会副会長の杉浦銀治さん（82歳）である。

04

　ミチコちゃんはその炭アクセサリーをただ売るのではなく、お客さんのアイデアを採り入れてデザインを変更したり、「片品に遊びに来て」と誘いながら、売っている。遊びに来たお客さんのなかには、ミチコちゃんが育てた野菜を届ける「カタカタ便」(片品村から命名)のお客さんになってくれる人たちもいる。
　その野菜を届けている横浜の幼稚園の子どもたちが大勢で遊びに来ることもあるし、ファームウェディングのプロデュースのようなこともやっている。農家のお母さんやおばあちゃんに学んで「素敵なお母さんになろう！」という「グッドマザープロジェクト」も進行中。とても半農半Xではくくれない。
　そんな彼女に、「じゃあ、ミチコちゃんは自分の暮らしをなんて表現したらいいと思ってるの？」と聞いたら、「うーん……。『アタリマエの暮らし』かな？」と言う。
　「それでいいじゃん。半農半Xという言葉にとらわれず、自分のやっていることを話したらいいと思うよ」と答えて電話を切った。
　「スロー」でも、「ロハス」でもなく、それぞれがそれぞれに「アタリマエの暮らし」をつくる。それでいい。それができる時代になってきたのだ。

甲斐良治(かい　りょうじ)
1955年生まれ。農山漁村文化協会で「月刊現代農業」編集部などを経て、96年から「増刊現代農業」(110ページを参照)の編集主幹となる。『定年帰農　6万人の人生二毛作』(98年2月)などで、1999年度農業ジャーナリスト賞を受賞。「鴨川自然王国」で里山帰農塾講師をつとめる。
増刊現代農業　HP http://www.ruralnet.or.jp/zoukan/index.html

＊52ページで、桐山三智子さんが「半農半Xアンケート調査」に答えています。

Information

半農半Xお役立ち情報

　半農半Xを志すあなた、入り口に立っているあなたを助けてくれる、さまざまな活動団体を集めました。情報はすべて、種まき大作戦のライターおよび実行委員会、ミーティング参加者、そして種まきメーリングリストからの自薦、他薦とし、まったくだれも知らない団体は入らないようにして、より信用のおけるリストとなるよう心がけました。

　ですから、これらはみなさんの役に立つであろう情報の一部にすぎません。農ややりがい、人生の目的などをテーマとした場合、巷に情報は氾濫しています。ネットでみつけるのも便利な方法でしょうが、やはり口コミを重視していくほうがいいでしょう。長く続いているところというのも、判断基準になると思います。

農業研修ができる！

学校法人　アジア学院（アジア農村指導者養成専門学校）
栃木県那須塩原市槻沢442-1
TEL 0287-36-3111　FAX 0287-37-5833
http://www.ari-edu.org/
◆1973年に設立された国際人材養成機関。アジア・アフリカの農村地帯で、コミュニティ形成や農業指導などの活動をしている指導者たちを招き、持続可能な農業やリーダー養成の研修などを行っている。国際協力や有機農業の現場で働きたいという日本人も、学生として一緒に学ぶことができる。2泊以上60泊未満のワーキングビジター、60日以上1年未満のボランティア制度での参加も可能だ。

NPO法人　日本有機農業研究会
東京都文京区本郷3-17-12 水島マンション501号室
TEL 03-3818-3078　FAX 03-3818-3417
http://www.joaa.net/
◆有機農業の実践と普及を目指し、1971年、生産者と消費者、研究者によって設立。新規就農者向けの学習会を開いたり、有機農業研修の場を紹介している。全国各地に会員が立ち上げた研究会があり、それぞれの地域で普及活動をしている。

畑山農場
山梨県北杜市武川町牧原1614
TEL/FAX 0551-26-2075
(HPなし、以下トージバの紹介ページ)
http://toziba.net/project/backpacker/network/yamanashi/hatayama/hatayama.html
◆1町1反（110a）の畑で約40種類の野菜・大豆・雑穀を、無農薬で有機肥料のみを使って栽培している農場。研修希望者は随時受け入れ可で、6時間程度の農作業を手伝うと食事と宿泊が無料になる。バックパッカーや豆腐屋も経験している代表者の畑山貴宏さん（通称：はたちゃん）は、NPO法人 えがおつなげてで農業を学んだひとり。

白州森と水の里センター
山梨県北杜市白州町横手2129-1
TEL 0551-35-0131　FAX 0551-35-0132
http://www.hakusyu.jp/
◆豊かな自然に溶け込みながら、平飼い採卵鶏と繁殖和牛を中心に、循環型農業を実践している。南アルプスの清らかな水で育ったコクのある鶏の卵と、色鮮やかで甘みたっぷりの野菜を生産し、全国に販売。研修生は随時募集中で、子どもたちがのびのびと農ある暮らしを体験できる年7回の「きららの学校」（1泊2日〜1週間）も開催。

農業生産法人 サラダボウル
山梨県中央市今福163
TEL/FAX 055-273-2688
http://www.salad-bowl.jp/
◆土や水など、作物が育つ環境にこだわり、減・無農薬、無化学肥料を実践している農場。トマトを中心とした野菜を生産、販売しており、農場責任者、農業研修生やインターンシップ生も募集している。将来独立して農業をして生きていきたい志ある人びとの育成にも力を注いでいて、農業研修と、農業法人への就職を応援することを目的に、NPO「農業の学校」も立ち上げている。

結いまーる自然農園（三井農園）
山梨県北杜市長坂町塚川611
TEL/FAX 0551-32-4705
http://homepage3.nifty.com/mitsui-farm/
◆農的生活の実践を試みる人が多く移り住む山梨県北杜市。長坂町の結いまーる自然農園では、毎月第一日曜日の午前中に長坂自然農学びの会を開催している。川口由一さんの自然農を土地にあうようアレンジした三井さんのところには、就農希望者も多く集まる。申し込みは電話で（研修生は募集していない）。

赤目自然農塾
三重県名張市と奈良県室生村にまたがる棚田
入塾申し込み・見学・視察など塾全体の問合せ・相談窓口
柴田幸子　TEL/FAX 0595-37-0864
澤井久美　TEL/FAX 0799-62-3517
◆「耕さない、草や虫を敵にしない、肥料・農薬を必要としない」自然農を、川口由一さんから学ぶ場。塾生は、水田や畑で米や野菜を育てながら勉強をしていく。スタッフのひとり、岩住洋治さんが開設しているサイト「気楽に自然農」では、川口さんの実地指導の様子などの詳細がアップされている。
http://iwazumi2000.cool.ne.jp/

愛農大学講座
三重県伊賀市別府740（社団法人 全国愛農会）
TEL 0595-52-0108　FAX 0595-52-0109
http://www.ainou.or.jp/ainohtm/daigaku.htm
◆10日間の共同生活を行ないながらの有機農業入門合宿コース。日本の有機農業のトップを走る豪華講師陣による講義に加え、地元の有機農家への農家実習もある。有機農業を理論と実践から学べる充実のプログラムに、参加者の評価が高い。

【Unique positioning（UP）】半農半Xというコンセプトを提唱するようになって感じるのは、競争のいらない世界（UP）は平和だということ。

Information

農業体験ができる！

WWOOF Japan（ウーフ　ジャパン）
北海道札幌市東区本町2条3丁目6-7
FAX 011-780-4908
http://www.wwoofjapan.com
◆「食事・宿泊場所」と「労働力」を交換する仕組みがWWOOF。食事・宿泊場所を提供するホストと労働力を提供するウーファーとの間に、金銭のやりとりはない。ホストには、有機農場が多く登録されている。問い合わせはFAXかホームページから。

たかはた共生塾
＜たかはた共生塾事務局＞
山形県東置賜郡高畠町大字元和田610
TEL/FAX 0238-56-2124　渡部 栄（主に夜間）
＜ゆうきの里・さんさん管理事務所＞
山形県東置賜郡高畠町大字上和田1282　遠藤周次
TEL/FAX 0238-58-3060（8:30～17:00）
http://www.takahata.or.jp/user/sansan/
◆山形県高畠町で1973年から始まった有機農業運動のなかで、いのちと環境をもっとも大事にする社会意識を基本にすえ、有機農業に共鳴する全国の農業者や市民100人ほどで90年に発足。93年からは、「農の暮らし」を体験してもらうべく「まほろばの里農学校」を開設。6月と9月の年2回、各4日間、ロッジでの宿泊および町内農家へのファームステイをしながら、農作業とともに有機農業者による講座が受けられる。全国から多くの人びとが訪れ、近年では海外からの参加者の姿も。

新庄・水田トラスト
千葉県鴨川市平塚2502（事務局・水田は山形県）
TEL/FAX 04-7098-0350（阿部/田中　8:00～17:00）
http://www.nurs.or.jp/~suiden/
◆幻の米と言われる「さわのはな」の無農薬・無化学肥料栽培水田を、トラスト（相互信託）している。遺伝子組み換えの米を食べたくない消費者が会員になって水田を農家にまかせ、遺伝子組換えイネをつくりたくない農家が管理を引き受けるという仕組みで、米づくりを通じて食べる人とつくる人が思いを共有。田植え、草取り、稲刈りは会員の権利。

市民の大豆食品勉強会＆茨城アイガモ水田トラスト
茨城県ひたちなか市道メキ12863
TEL 090-1432-9295　FAX 029-263-5805
http://www5e.biglobe.ne.jp/~daizu/
◆茨城県内の農家と提携して地大豆、合鴨米、えごま、蕎麦（福島県会津）などをトラスト制で栽培、自給している。トラスト会員になって農地のオーナーになると、自分の好きなときに農作業に行くことができ、また各トラストの主宰イベントに参加すれば、誰でも提携農家の水田、畑で農作業が体験できる。研修、援農などの受け入れ先農家を紹介することも可能。

王国の新しい顔、
2007年オープンの
藤本敏夫記念館。

農事組合法人 鴨川自然王国
千葉県鴨川市大山平塚乙2-732-2
TEL 04-7099-9011 FAX 04-7098-1560
http://www.k-sizenohkoku.com/
◆「楽しくなきゃ人生じゃない、楽しくなきゃ王国じゃない」。21世紀を環境の時代と呼んだ、故・藤本敏夫氏がつくった農的生活を体験できる鴨川自然王国では、農業技術や農村での暮らしについて学ぶ「里山帰農塾」を開催している。講師はジャーナリストの高野孟氏、「増刊現代農業」編集主幹の甲斐良治氏、歌手で国連環境計画（UNEP）親善大使の加藤登紀子さん、王国代表理事の石田三示氏で、半農半X実践者などゲスト講師を招くことも多い。また王国会員になると、毎月開催されるイベントや王国での農作業に参加できる。

遊学の森トラスト
千葉県鴨川市平塚2502
TEL/FAX 04-7098-0350（阿部/田中 8:00～17:00）
http://yuugaku.gozaru.jp/
◆テーマは「里山空間を楽しみ、つくる」。ひと口5000円で会員を募って棚田約300坪（10a）と林約300坪をトラスト（信託）し、毎月1度の農イベントを開催。世話人と会員で、米づくりや山菜採りといった里山を活かした体験を楽しんでいる。収穫したお米は、収量に関係なく会員全員に平等に分配。みんなで知恵を出し合いながら育てたお米の味は、格別だとか。

練馬区 農業体験農園
問い合わせ：練馬区役所石神井庁舎内都市農業係
TEL 03-3995-1108
◆1995年にスタート。行政が管理する市民農園とは異なり、農家が開設し、経営・管理する。利用者は、園主に対し1年間で1区画（30㎡）に4万3000円（練馬区民には1万2000円分を区が助成）の入園料および収穫物代金を支払う（利用は5年まで更新可）。農家の手ほどきを受けながら、新鮮で美味しく安全な野菜づくりを体験できる。07年は12園主で1200家族（約2000人）ほどが利用。農作業を通じて、年齢や職業を超えた交流が生まれ、地域のコミュニティづくりにも一役かっている。

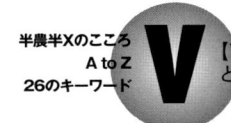

半農半Xのこころ
A to Z
26のキーワード

V 【Vision make】自分のビジョンは、自分でつくる。ビジョンという希望をつくれるチカラが、いま問われている。

Information

社団法人 日本国際民間協力会NICCO琵琶湖モデルファーム
京都市中京区六角通新町西入西六角町101番地
（社団法人　日本国際民間協力会）
TEL 075-241-0681　FAX 075-241-0682
http://www.kyoto-nicco.org/biwakofarm.htm
◆NICCOは、国際社会に貢献し、環境と調和した持続可能な開発に取り組みながら、途上国の人びとの自立を支援するNGO。琵琶湖モデルファームは、環境保全型有機農法を実践し、その技術と経験を途上国および現在の日本の若者に伝えることを目的としている。

やまと心農縁
奈良市下深川町669
TEL/FAX 0743-84-0790
E-mail：yamatokokoro@ezweb.ne.jp
◆築100年の古民家で、7名の若者が自給的共同生活を開始。無農薬・有機栽培でお茶や古代米、野菜などを育て、自然と調和した暮らしを実践している。地域のお年寄りから田畑や山、そしてたくさんの知恵を引き継ぎたいと、山仕事や農作業の手伝いなどにも積極的に参加。料理、音楽、陶芸、文筆、助産婦など、それぞれの特技を活かしながらエックスを深めている。希望者は農作業や山仕事への参加が可能。問い合わせは電話かメールで。

BEACH ROCK VILLAGE（ビーチ ロック ビレッジ）
沖縄県国頭郡今帰仁村字謝名1331
TEL/FAX 0980-56-1126
http://www.shimapro.com
◆『人生の地図』（A‐Works、2003年）などの著作で、若者に絶大な人気を誇る作家高橋歩氏が代表をつとめる、沖縄の飲食店と宿泊施設。数名のスタッフのほか、全国から集まるボランティアスタッフで運営されていて、食糧担当のボランティア「食糧隊」は、田んぼの管理、土の開墾、堆肥づくり、無農薬での野菜栽培、コンポストづくり、牧場の手伝いなどを行っている。5泊6日で「自給自足体験キャンプin沖縄」という体験ツアーも定期的に開催。

半農半Xができる！

NPO法人 スワラジ　農的暮らしセミナーハウス
茨城県石岡市須釜838
TEL/FAX 0299-42-2240
http://www.swaraj.or.jp/
◆鍬の使い方から種播き、定植など農業の基本を丁寧に教える実践セミナーを隔月で開催している。宿泊施設「百姓の家」では、農業をしながら生活をしていきたい人たちが部屋と農地を借り、作物を育てながら農的暮らしを実践している。 活用の仕方は自由で、週末だけ滞在する人、平日のみ農作業に汗を流す人など、さまざま。滞在期間1年以上から受け入れている。

1000本プロジェクト
プロジェクト開催地：京都府綾部市鍛冶屋町宮ノ前（一宮神社前）
http://plaza.rakuten.co.jp/simpleandmission/
（詳細はブログ「半農半Xという生き方」から）
◆本書の編者塩見直紀氏が主催する、「1人千本の稲（＝米1年分強）を自分でつくろう」という企画。「千本が植わる面積（8.5m×20m＝1.7aのサイズ）は小さく、手で草をとり、無農薬でいける」「小さな農のよさをわかってほしい」というコンセプト。

自給的暮らしができる！

木の花（このはな）ファミリー
静岡県富士宮市下条923-1
TEL 0544-58-7568　FAX 0544-58-8015
http://www.konohana-family.org/
◆血縁を越えて助け合い、ひとつの家族として暮らしている共同体で、約50名が有機農業を営みながら共同生活を送っている。食べるものはすべて手づくりで、塩、砂糖、油の一部以外は買うものがないという自給率の高さ。「生活体験ツアー」でのファミリー滞在のほかに、個別の農作業体験なども受け入れている。その様子は下記の著書が詳しい。
木の花ファミリー編『心を耕す家族の行く手 〜木の花ファミリーのゆたかな夢』ロゴス社発行、本の泉社発売、2007年。

あーす農場
兵庫県朝来市和田山町朝日767-2
TEL/FAX 079-675-2959
◆廃村寸前の山村に入り、6人の子どもを育てながら、有機農業を中心にした循環型の暮らしをつくってきた大森昌也さん。「自給自足こそ本当の教育」という彼のところへは、国内外から多くの人が訪れる。農作業のほか、家畜の世話、バイオガス、水力発電の管理、パン焼き、炭焼きなどの研修、体験、見学ができ、年間を通じて受け入れている。訪問の前に大森さんの著書を読むことをお勧めしたい（あーす農場でも販売。送料120円）。
『自休自足の山里から―家族みんなで縄文百姓』北斗出版、2005年。
『6人の子どもと山村に生きる』麦秋社、1997年。

NGO「MAKE THE HEAVEN」Syodoshima Project（小豆島プロジェクト）
香川県小豆郡小豆島町　坂手北谷グリーンランド内
TEL/FAX 0879-82-3703
http://makeheheaven.com/shodoshima/
◆「動けば変わる」の合言葉でおなじみの映画監督・路上詩人てんつくマンが、香川県小豆島で行っている自給自足の村づくりを手伝うことができる。農作業だけでなく、竹炭づくりや山の間伐、家づくりなど「1日参加でも、1カ月参加でも、1年参加でもオッケー」。

半農半Xのこころ
A to Z
26のキーワード

W 【Wings and roots】豊穣なる「土」や「根っこ」というベースの上にあるものは、ミッションある人生。別なことばで言えば、「風」か「翼」だろうか。

Information

体験学習ができる！

NPO法人 メダカのがっこう
東京都武蔵野市吉祥寺南町5-11-2
TEL 0422-70-6647　FAX 0422-70-6648
http://www.npomedaka.net/

◆日本の豊かな自然環境再生のため、たくさんの生きものが生息する田んぼを広げる活動をしている。新潟県、千葉県、栃木県などで、農家と協力しながら田んぼの生態系を守りつつ、田植え、草取り、稲刈りイベントを開催し、農業体験の場を提供。田んぼや周辺にどんな生物が棲息しているのか調べる、生きもの調査も続けている。

都市農村交流ができる！

NPO法人 トージバ
東京都品川区西品川2-12-20
TEL 080-5459-7638（事務局：神澤）　FAX 03-3495-6708
http://www.toziba.net/

◆持続可能な循環型の地域社会をつくるために、地域がもつ個性や魅力を再発見し、社会のさまざまな問題解決に向けて農村と都会とのつなぎ目として活動するNPO。日本人に欠かせない食材である大豆の自給率が5％しかない現実に対して、目に見える行動として「大豆レボリューション」を企画。遊休農地を使い、種播きから草取り、収穫、味噌づくりまで、だれでも参加できる。また竹を使ったテントをつくり、イベントに使用するなどの竹林再生プロジェクトもあり、そのユニークな発想の企画に若者の参加が目立つ。

大豆レボリューションで、農に目覚めた人も多い。

NPO法人 えがお・つなげて
山梨県北杜市白州町横手2910-2
TEL 0551-35-4563　FAX 0551-35-4564
http://www.npo-egao.net/
◆「村・人・時代づくり」がコンセプト。北杜市白州町を中心に、農をはじめとする地域共生型のネットワーク社会づくりを目的に活動を展開している。農や食、エネルギーをテーマに、行政、教育機関などと連携しながら、農村の豊かな資源や伝統知を活用した多彩なイベントを開催。北杜市須玉町増富地区にある、都市農村交流センター「みずがきランド」(32ページを参照)は、都市と農村をつなぐ場に。ウーファー(98ページを参照)の農村ボランティア(登録制)の受け入れも。農業やグリーンツーリズムなどの日常的な作業に携わりながら、農村の生活を体験できる。

バイオエネルギー利用が学べる！

NPO法人 長井市&レインボープラン推進協議会
<長井市役所> 山形県長井市ままの上5-1
TEL 0238-84-2111　FAX 0238-83-1070
http://www.city.nagai.yamagata.jp/r
<レインボープラン推進協議会> http://lavo.jp/rainbow/
◆市民の台所から出た生ごみを堆肥にして農地に還元する循環型システム「レインボープラン」を90年代後半から行っている長井市。生産者・消費者・行政がともに手をつないで取り組んでいる。市内の農家が堆肥を利用した作物を生産し、市民市場「虹の駅」で販売するなど地産地消にも貢献。NPO「市民農場」での農業体験もできる。レインボープラン推進協議会が育成した市民ガイド付きの視察もでき、コンポストセンターを案内してもらいながら、これまでの経過や現状の説明が聞ける。

NPO法人 ふうど(小川町風土活用センター)
埼玉県比企郡小川町大字角山208-2
E-mail ogawa@foodo.org　http://www.foodo.org/
◆たくさんの有機農家が暮らす埼玉県小川町。彼らが中心となってつくったNPOふうどは、有機農業・自然エネルギーを自分たちの暮らしや地域づくりに役立てる活動を推進中。生ごみを液肥とバイオガスに変えて資源を地域で循環させるシステムを確立し、循環型の暮らしに町ぐるみで取り組んでいる。農業を学びたい人に研修や援農の受け入れ先を紹介してくれるほか、循環型の暮らしを学ぶ「自然エネルギー学校」も随時開催している。

NPO法人 大地といのちの会
長崎県佐世保市栄町2-1王屋8F「たまおく交流室」内
TEL/FAX 0956-25-2600
http://www13.ocn.ne.jp/~k.nakao/（生ゴミリサイクル元気野菜作り）
◆化学肥料と農薬で激減した野菜の栄養を、50年前の状態に戻すというのが、生ごみを利用した「元気野菜作り」。病害虫も少なく、生命力のある美味しい野菜のつくり方を、代表の吉田俊道氏の講演を中心に、体験学習や食育講座などで広めている。

半農半Xのこころ A to Z 26のキーワード **X**
【X：エックス】天からの贈りもの、「天与の才」。それを活かし、この世に何かを遺していく。次代への贈り物。みんながもっている未知なるエックス。

Information

農を広める活動に参加できる！

種まき大作戦
東京都渋谷区千駄ヶ谷5-16-10-1003
種まき大作戦事務局
TEL 03-3351-2712
FAX 03-5637-7789
http://www.tanemaki2007.jp/

◆食の不安、農の危機、それを支える環境の破壊、広がる格差の絶望がますます叫ばれるいま、故・藤本敏夫氏の思い、彼の描いた「持続可能な循環型田園都市」という構想を受け継ぎ、「新しい国」「本当の社会」をつくりたいというのがこの大作戦のコンセプト。「農的幸福＝土と平和」というキーワードのもと、実行委員長で半農半歌手のYaeさんによるライブツアー、音楽による収穫祭（「土と平和の祭典」）、1000人の種まきイベント、トークライブなどを展開している。

援農・ボラバイトができる！

花とハーブの里
青森県上北郡六ヶ所村倉内笹崎1521（豊原）
TEL/FAX 0175-74-2522
HP http://hanatoherb.jp/　ブログ http://tulip.hanatoherb.jp/

◆映画「六ヶ所村ラプソディ」に登場する菊川慶子さんによる情報発信スポット。有機農業による作物の生産、チューリップ祭りの開催、オーガニックカフェの運営など、農をベースとした活動を展開し、エネルギー問題の解決法や新しい社会のあり方・ライフスタイルについて提案。援農・ウーファーの受け入れもしている。

谷中カフェ
東京都台東区谷中2-18-6
TEL/FAX 03-3827-3034
http://yanakacafe.fc2web.com/info.html

◆ビルの建ちならぶ東京のなかで下町情緒をいまに残す谷中。体にやさしい料理をコンセプトに、安全で美味しい有機野菜を使ったメニューを提供している谷中カフェでは、月に一度の援農ツアーを開催している。有機栽培で米・麦・雑穀・野菜計約70種類をつくっている、仕入れ先の神奈川県藤沢市「相原農園」での1日農作業。近郊でできる援農とあって、カフェのお客さんを中心に人気が集まっているようだ。

ボラバイト
東京都杉並区永福4-24-4
TEL 03-5355-1818　FAX 03-5355-1819
http://www.volubeit.com/
◆ボランティアとアルバイトを組み合わせた造語で、田舎で働いてみたい都会の若者と人手の足りない地方の農家や酪農家との架け橋となり、有償での仕事情報を掲載しているサイト。農や酪農の作業を体験できるので、その世界に触れてみたい人のきっかけにも。

吉田農園
東京都三鷹市牟礼2-17-25
TEL 0422-44-6993　FAX 0422-49-8733
http://ynw.moo.jp/
◆トマトやきゅうり、ブロッコリーなど年間約30種類の野菜を無農薬で露地栽培で生産し、体に優しいオーガニック野菜を追求している。都会でも農作業を体験できるとあって、援農者やボランティアがたくさん訪れ、土づくりや種播き、野菜管理などにかかわり、気持ちよい汗を流している。

環境デザイン

自然農園　ウレシパモシリ
岩手県花巻市東和町東晴山1-18
TEL/FAX 0198-44-2598
http://ureshipa.com/
◆1994年にニュージランドでの修行から帰国後、岩手県で日本の風土にあったパーマカルチャーデザインを探求している酒匂徹さんの農園。ウーファーや研修生の受け入れもしている。パーマカルチャーの農的暮らしや土地利用のデザインを日本で実践的に学べる数少ない場所。

NPO法人　食といのちの楽耕(がっこう)
千葉県長生郡一宮町一宮5417-1
TEL/FAX 0475-42-5120
http://www.shoku-to-inochi.jp/
◆安全な農業歴30年の熱田忠男氏とオーガニック・デザイナーの望月南穂さんが、千葉県長生郡に"買わない""捨てない""活かしきる"真の豊かな暮らしについて、楽しみながら学び合うフィールドをつくり出した。目指すは「自給100%」！　畑のデザインや、野菜づくりのコツを学ぶプログラムがあり、参加者はお互いに情報交換をしながら循環型の農ある暮らしを楽しんでいるようだ。

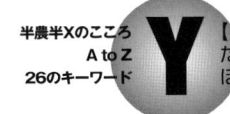

半農半Xのこころ
A to Z
26のキーワード
Y
【You】Youとは自分以外の森羅万象。すべてがあるから、ぼくたちがある。自分のことしか求めない社会だが、こころの余裕がほしいもの。

Information

NPO法人 パーマカルチャー・センター・ジャパン (PCCJ)
神奈川県相模原市藤野町牧野1653番地
TEL 0426-89-2088　FAX 0426-89-2224
http://www.pccj.net/
◆日本の風土に適したパーマカルチャーの構築と普及および、持続可能なライフスタイルやまちづくりの提案と実践を目的に、1996年設立。都市近郊（東京都心から車で60分、JR中央本線で75分〈高尾での乗り換えあり〉）の自然豊かな場所にあり、「パーマカルチャー塾」や各種講座を通じて、パーマカルチャーデザインの理論と技術を総合的に学べる。長野県安曇野や神戸などにも塾がある。

交流市に参加できる！

アースデイマーケット
問い合わせ先：東京朝市実行委員会
東京都港区虎ノ門3-6-9　エコプラザ内
TEL 03-6806-9281　FAX 03-6806-9282
http://www.earthdaymoney.org/market/
◆「東京に朝市を！」という思いが、1カ月に1度実現。安全で新鮮な野菜がところ狭しと並ぶ、渋谷・代々木公園のけやき並木の会場は、消費者と生産者が顔を合わせる出会いの場にもなっている。アースデイマネーなどの地域通貨の利用や農業体験の情報発信のほか、竹テントの利用や天ぷら油の回収・再利用など、エコアクションも展開中。

青空市場
東京都品川区八潮5-3-8-202
TEL 03-5755-0480　FAX 03-5755-0481
http://www.aozora-ichiba.co.jp/
◆俳優の永島敏行さんが実行委員長を務め、「生産する人びと」と「買う人びと」が直接交流して、新たな食文化の創造と食に関する情報発信を目的とする場。永島さんは1993年に初めて米づくりを体験して以来、毎年友人たちと秋田県で農業を教えてもらい、千葉

稲づくり体験教室で、自ら鎌を手に稲を刈る永島さん。

青空市場大盛況のなか、お客さんにサービスする委員長。

第12回青空市場で、寒いなか販売に精を出す委員長。

県成田市で親子を対象とした米づくり教室をしたり、長野県小谷村(おたり)への自給自足体験ツアーなども開催している。「青空市場で、または現地に出向いて、ぜひ生産の現場のことや食、農について、生産者のみなさんと語り合ってほしい」(永島さん)。青空市場は、生産者に感謝して応援をしたいという、思いが詰まっている市。

種苗の入手先

野口のタネ／野口種苗研究所
埼玉県飯能市仲町8-16
TEL 042-972-2478　FAX 042-972-7701
http://noguchiseed.com/

◆1929(昭和4)年に創業。親子3代にわたって、日本の自給用野菜づくりを支えてきた在来種・固定種のたね屋さん。日本各地の伝統野菜や地方野菜の種苗などを取り扱っている。3代目の野口勲さんは以前、故手塚治虫氏の担当編集者だったという。ホームページには通販ページのほか、「種の話あれこれ」というコンテンツもある。

半農半Xのこころ A to Z 26のキーワード **Z**
【Zest】Zestとは熱意。坂本龍馬が駆け抜けたのは、わずか5年という。熱意をもって、ぼくたちもこの5年を駆け抜けよう。

Information

たねの森
埼玉県日高市清流117
TEL 042-982-5023　FAX 020-4669-0427
http://www.tanenomori.org/
◆無農薬・無化学肥料で栽培・採種された、自家採種できる固定種を販売しているたね屋さん。ここで販売されているたねは、すべて海外のオーガニック認証、もしくはバイオダイナミック認証を受けた農場で栽培され、採種後の化学処理も一切していない。野菜だけでなく、ハーブや花のたねも取り扱っている。

光郷城　畑懐（こうごうせい　はふう）
静岡県浜松市中区向宿町2-25-27
TEL 053-461-1472　FAX 053-461-1461
紹介サイト　http://www002.tokai.or.jp/waka3/engei/mebukiya/tenpo.htm
店主ブログ　http://hafuu.hamazo.tv/e820865.html
◆3代続く種苗屋。1995年から「芽ぶき屋」の名前で在来種・固定種を取り扱い始め、2004年に現在の名に。各地で栽培が広がった野菜の在来種や固定種約250種類を扱う。苗や土づくりにも非常にこだわり、農家の畑から家庭菜園まで、美味しい野菜づくりをサポートしている。10年かけて研究・開発したプランター用のオリジナル培養土の販売が、08年よりスタート。春・秋の年2回、カタログを発行している。

Xを探せ！

半農半Xデザインスクール（XDS）
会場・宿泊先：京都府綾部市の農家民泊「素のまんま」。もしくは里山ねっと・あやべが管理する綾部市里山交流研修センター（旧豊里西小学校）
http://plaza.rakuten.co.jp/simpleandmission/
（詳細はブログ「半農半Xという生き方」から）
◆本書の編者である塩見直紀氏が京都・綾部で行う1泊2日の小さな学校。エックス（天

素のまんまの芝原
キヌ枝さんの天職
のお話は感動的！

07年9月のXDSは全員、なんと東京から参加だった!

職)について、これからの生き方について、一緒にデザインしていこうというコンセプトのもと、塩見氏のトークを中心に、ワークや半農半X実践者の話などもプログラムされている。
塩見氏が発信している、以下のミッションサポート系のブログも要チェック!
「天職発見法研究所」
http://blog.goo.ne.jp/xmeetsx/
「21世紀の肩書研究所〜エックスと肩書と〜」
http://ameblo.jp/kataken
「屋号力研究所」http://blog.goo.ne.jp/calling850/
「研究所★研究所〜小さな研究所とぼくたちのミッションと」
http://xseed.ameblo.jp/

スロービジネススクール (SBS)
福岡県遠賀郡水巻町下二西3-7-16
TEL 093-202-0081　FAX 093-201-8398
http://www.slowbusiness.org

◆「シェア(分かち合い)」をキーワードに、「いのちを大切にする仕事」をスロービジネスと名づけ、世の中に広めていくために、2003年に設立。スクールといっても実際には校舎はなく、インターネットを使った学生同士の情報交換や地域での活動、年2回ほどの合宿などを通じて、学び実践していく。フェアトレードのパイオニアの1人である中村隆市さん((株)ウィンドファーム代表/NGOナマケモノ倶楽部世話人)が校長を務めている。スロービジネススクールから企画されたアイディアが、個人や法人レベルで実際に事業として立ち上がり、各地でスロービジネスを展開中。学生が実際にビジネスを展開することを目指している。その活動を支援し、共に展開するために、06年に中間法人スロービジネスカンパニーを設立。スローウェブショップ「膳(Zen)」(http://shop.slowbusiness.org/)や、福岡県田川郡赤村のエコビレッジ「ゆっくり村」(50ページを参照)を運営する。

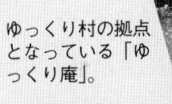

ゆっくり村の拠点となっている「ゆっくり庵」。

田んぼの作業に向かう、ゆっくり村チーフの後藤彰さん。

109

Information

情報誌

『増刊現代農業』
いつも新鮮な視点で、農山村とそこに根ざす魅力的な人びとを取り上げて、常に新しい農的な生き方を発掘し、発信し続けている雑誌。農、食、エコロジカルな生活、自然との共生などの最新の情報に触れると、未来に希望が見えてくる。
農文協、年4回発行（2・5・8・11月）、定価900円（税込）
http://www.ruralnet.or.jp/zoukan/

『田舎暮らしの本』
2007年で発売から20年を迎えた、田舎ぐらし情報誌の老舗。実際の生活の様子を生き生きと伝えるレポートや、田舎暮らしのコツ、物件案内など情報豊富。実際に移住した人の声が聞けるので、移住準備の参考にもなる。
宝島社、毎月3日発売、定価680円（税込）
http://tkj.jp/mag/mag_002.html

『自休自足』
slow and naturalをテーマにしたライフスタイルマガジン。宅配野菜の比較や、ストローベイルハウス（わらの家）のつくり方紹介などユニークな企画も。Webサイトでは多数の田舎物件を掲載していて、ローカル情報のリンクも多い。
第一プログレス、3・6・9・12月の3日発売、定価980円（税込）
http://www.yumeinaka.net/

『月刊 ふるさとネットワーク』
会員制の月刊情報誌。書店販売はなく、毎月登録会員のところに届けられる。全国の田舎物件情報をはじめ、田舎暮らしを実現した人の住まいを訪ねたり、地域の気候風土や歴史をレポートしたりと、田舎に根ざした情報を掲載。
ふるさと情報館、毎月1日発行、年間購読費3600円（税・送料込）
http://www.furusato-net.co.jp/

【著者紹介】
塩見直紀（しおみなおき）

1965年、京都府綾部市生まれ。
半農半X研究所代表。1995年から、21世紀の生き方、暮らし方として、「半農半X」というコンセプトを提唱。
主著『半農半Xという生き方』（ソニー・マガジンズ、2003年、中国語に翻訳され、台湾で発売）、『半農半Xという生き方・実践編』（ソニー・マガジンズ、2006年）、『綾部発 半農半Xな人生の歩き方88』（遊タイム出版、2007年）、『土から平和へ』（編著、コモンズ、2009年）、『農力検定テキスト』（共著、コモンズ、2012年）。
http://www.towanoe.jp/xseed/

種まき大作戦

2007年、半農半歌手のYaeが実行委員長となり、「農的幸福＝土と平和」というキーワードのもと、前代未聞の「農」ムーブメントを開始させた。詳しくは、104ページを参照。この本は、種まき大作戦構成メンバーの編集者・吉度日央里、ライター・澤田佳子、鈴木こず恵、上形学而らによって制作された。
http://www.tanemaki2007.jp/

半農半Xの種を播く

2007年11月15日・初版発行
2012年 9月10日・5刷発行

塩見直紀と種まき大作戦　編著
©Naoki Shiomi&Tanemaki-daisakusen, 2007, Printed in Japan

発行者・大江正章
発行所・コモンズ
東京都新宿区下落合 1-5-10-1002
TEL03-5386-6972　FAX03-5386-6945
振替　00110-5-400120

info@commonsonline.co.jp
http://www.commonsonline.co.jp/

編集／吉度日央里(ORYZA)
デザイン・DTP／吉度天晴(ORYZA)
扉撮影／エバレット・ケネディ・ブラウン

印刷／東京創文社　製本／東京美術紙工
乱丁・落丁はお取り替えいたします。
ISBN978-4-86187-043-9 C0036

●コモンズの本●

土から平和へ	塩見直紀と種まき大作戦編著	1600円
農力検定テスト	金子美登・塩見直紀ほか	1700円
放射能に克つ農の営み	菅野正寿・長谷川浩編著	1900円
地産地消と学校給食　有機農業選書1	安井孝	1800円
有機農業政策と農の再生　有機農業選書2	中島紀一	1800円
本来農業宣言	宇根豊・木内孝ほか	1700円
みみず物語　循環農場への道のり	小泉英政	1800円
天地有情の農学	宇根豊	2000円
幸せな牛からおいしい牛乳	中洞正	1700円
無農薬サラダガーデン	和田直久	1600円
食べものと農業はおカネだけでは測れない	中島紀一	1700円
いのちと農の論理　地域に広がる有機農業	中島紀一編著	1500円
いのちの秩序 農の力　たべもの協同社会への道	本野一郎	1900円
有機農業の思想と技術	高松修	2300円
食農同源　腐蝕する食と農への処方箋	足立恭一郎	2200円
有機農業が国を変えた　小さなキューバの大きな実験	吉田太郎	2200円
地産地消と循環的農業　スローで持続的な社会をめざして	三島徳三	1800円
教育農場の四季　人を育てる有機園芸	澤登早苗	1600円
耕して育つ　挑戦する障害者の農園	石田周一	1900円
都会の百姓です。よろしく	白石好孝	1700円
肉はこう食べよう 畜産をこう変えよう	安田節子・魚住道郎ほか	1700円
食卓に毒菜がやってきた	瀧井宏臣	1500円
わたしと地球がつながる食農共育	近藤惠津子	1400円
感じる食育 楽しい食育	サカイ優佳子・田平恵美	1400円
安ければ、それでいいのか!?	山下惣一編著	1500円
脱原発社会を創る30人の提言	池澤夏樹・坂本龍一・池上彰ほか	1500円
原発も温暖化もない未来を創る	平田仁子編著	1600円
脱成長の道　分かち合いの社会を創る	勝俣誠／マルク・アンベール編著	1900円

（価格は税別）